巧厨娘
QIAOCHUNIANG

一个人的惬意食光

One's Enjoyment

陈小厨◎编著

青岛出版社
QINGDAO PUBLISHING HOUSE

图书在版编目（CIP）数据

一个人的惬意食光 / 陈小厨编著 . -- 青岛：青岛出版社，2019.4
ISBN 978-7-5552-7942-6

Ⅰ. ①一… Ⅱ. ①陈… Ⅲ. ①食谱 Ⅳ. ① TS972.1

中国版本图书馆 CIP 数据核字（2019）第 024435 号

书　　　名	一个人的惬意食光
编　　　著	陈小厨
出版发行	青岛出版社
社　　　址	青岛市海尔路 182 号（266061）
本社网址	http://www.qdpub.com
邮购电话	13335059110　0532-85814750（传真）　0532-68068026
选题策划	周鸿媛
图文统筹	上品励合（北京）文化传播有限公司
责任编辑	杨子涵
特约编辑	马晓莲　李春艳
菜品制作	陈小厨
封面设计	胡椒书衣
设计制作	丁文娟　陈卓通
制　　　版	上品励合（北京）文化传播有限公司
印　　　刷	青岛海蓝印刷有限责任公司
出版日期	2019 年 10 月第 1 版　2019 年 10 月第 1 次印刷
字　　　数	200 千
图　　　数	665 幅
开　　　本	16 开（720 毫米 ×1020 毫米）
印　　　张	15
书　　　号	ISBN 978-7-5552-7942-6
定　　　价	49.80 元

编校印装质量、盗版监督服务电话 4006532017　0532-68068638
建议陈列类别：生活类　美食类

一勺，

一筷，

一天地。

美食，

不只是口唇的依恋，

更是一种默默的陪伴。

美味，

虽是胃肠中的匆匆过客，

却总是给人留下深深的眷恋。

自序

美食做伴不孤单

一个朋友得知我要出一本写给"单身贵族"的美食书时，打趣我说："可别逗了，你给大爷大妈和家庭主妇写点菜谱就行了。单身的谁做饭啊，都买着吃，别赔得连买胡椒面的钱都没有哈，到时候我可不让你蹭饭。"

我怼他道："你以为人人都像你一样喜欢吃地沟油啊？"这个朋友是地道的老北京，除了旅游和出差外，就没离开过四九城。就算结了婚，也会天天跑到爹妈家蹭饭，唯一不同的是，以前是他一个人蹭，现在是拖家带口三个人蹭。

如果我和他讲，哥做的不仅仅是饭，更是一种家的味道，想来他是无法理解的，因为他并没有一个人在异乡漂泊的经历，自然也无法体会家常小菜比餐厅的大餐所多的那一成温度。

我初到法国时，在一家西餐厅打工，吃的自然也就是西餐了。初食，觉得颇具小资情调；久食，只觉仅是果腹之物。一日，我突然很想吃妈妈以前常做的蛋炒饭。当我准备走进后厨，自己动手"丰衣足食"时，餐厅经理却拦住了我，他告诉我："服务生是不能进后厨的！"

我与他理论了很久，终于获得了一个机会——餐厅经理允许我进入后厨去做一道鸡蛋炒米饭。这并不是出于对我的怜悯，而是他想弄明白，为什么我要执着于"那种不可思议的食物"。

带着一丝赌气的成分，我走进后厨，做了一份蛋炒饭。餐厅经理在品尝了之后，连连点头，于是我也幸运地拥有了可以进入后厨学习的机会。也许是这件事激励了我，也许是我有这方面的天赋，经过不懈的努力，我终于从一名"资深吃货"成了既会吃又会做的"全能选手"，并有幸获得了"米其林厨师奖"。

在国外的这些年，虽然眼界得到了开阔，但远离亲人和朋友的孤独感，也会不时地跳出来折磨我一下。幸好，在这种时刻，还有"锅碗瓢盆兄"和"菜肉蛋豆姐"的陪伴，能让我亲手制作故乡的美食，驱散心中的孤单感。

回国后，我开了一家饮食文化公司，并考取了中国的二级营养师资格证。有人说，你干吗不直接开家饭店呢？

我只能说我还算是个有点小情怀的人，经营饭店会占用我太多的时间和精力，我更想在研究美食的烹饪方法上多花些时间。我产生这样的想法，大概有两个方面的原因：

一方面，我发现现在的外食有时候是极不健康的。就算对食材和烹饪用油严格控制的知名饭店，很多菜肴的营养搭配和食材处理方法也是极不科学的，更不要说一些对食材把关不严的饭店甚至路边摊了。我发现身边的好多朋友意识到了这一点，但是他们又不得不选择外食。有的是因为忙，有的是因为不太会做菜，所以，我一直想给他们提供一些可以在短时间内迅速烹饪完毕的早餐和午餐的做法，这样能让他们在闲暇时，能够用最简单的方式做出最好的美味。于是，我想到了中餐西做，这样既可以保证营养和卫生，又不会占用他们太多的时间，还能让"一个人"的饭也变得易做。

另一方面，我觉得烹饪美食是一件可以让人感到很温暖的事情。很多"单身贵族"，特别是生活在一二线城市的"单身贵族"，工作和生活的压力是很大的。我希望我提供的菜品制作方法，可以解决他们生理上的饥饿感，还能让烹饪这件事给他们提供精神食粮。希望有美食陪伴的每一天，他们都能过得不孤单。

2019 年 1 月

目录

CONTENTS

第三章
超营养简单早餐，外卖终结者

第四章
新鲜"小锅饭",勾起你的食欲

第五章
美味营养面，触动你的百万味蕾

第六章
百变便当，健康随心

第一章

营养素在人体内的旅行

我一直觉得营养学是个听着让人口水直流，学起来却无比枯燥的学科，但是健康的美食却离不开营养学的知识。为了让这些知识能像我做出的美食一样，摒弃晦涩和深奥，直接地刺激你的感官，像流星一样飞速地钻入你的『CPU（中央处理器）』，我决定把这些营养知识拟人化，让它们看起来有趣儿些。

无处不在的蛋白质

营养家族的大哥叫蛋白质，它的势力遍布身体每个角落。它有一个"癖好"，无论走到身体中的哪个"建筑"，都会输送自身的一部分能量到身体的相应部位，避免身体的部位缺乏营养、产生病态。

人体里凡是活的细胞都需要"蛋白质大哥"作为它们的架构。头发、指甲、皮肤及肌肉组织几乎完全是由蛋白质构成的，一旦缺少了蛋白质就无法生存。千万别怀疑它的超能力，因为蛋白质是由氨基酸结合形成的物质，人体中有20种以上的氨基酸，可制造出无数种性质不同的蛋白质。

你也不用担心它会把能量输送完，"蛋白质大哥"有一种超能力，只要它遇到鱼肉、禽肉、畜肉、蛋、奶及奶制品、坚果、豆类等，就能从它们当中吸取精华，然后不断输送给人体能量。

很多时候，"蛋白质大哥"来不及每天给身体中的每个"建筑"输送能量，就会让它们自己排队来领取。"蛋白质大哥"会根据每个"建筑"的重量输送给它们60~80克蛋白质，这就足够了。

不同年龄段人群的蛋白质摄取指数	
年龄段（岁）	指数
1~3	1.80
4~6	1.49
7~10	1.21
11~14	0.99
15~18	0.88
19 以上	0.79

每日蛋白质需要量计算公式：

每日蛋白质需要量（克）＝年龄段指数 × 体重（千克）

如果领取的量不够，人体的相应部位就会贫血、肌肉失去弹性，身体抵抗力减弱，疾病就会乘虚而入。如果领取的太多了，过量蛋白质被转换为脂肪储存在体内，会加重肾脏的工作量。

雪中送炭的碳水化合物

营养家族的老二有个很洋气的学名——碳水化合物，不过它更喜欢人们叫它的小名——糖类。碳水化合物可不像蛋白质一样喜欢在人体"小镇"里到处留下足迹，更多时候，它扮演的是"及时雨"的角色。人体只有缺乏能量的时候才会呼唤它。

人体"小镇"的镇长，就是那个叫作"大脑"的部位，最喜欢和碳水化合物交朋友。当它和碳水化合物在一起时，大脑就可以运用它的智慧，指点江山，让"小镇"的一切事物都井井有条；当大脑找不到碳水化合物时，不但大脑会变得晕头转向，整个人体"小镇"都会陷入一片混乱。

不过，碳水化合物不能直接帮助大脑补充能量，必须先经过消化，分解成葡萄糖、果糖或半乳糖，而果糖或半乳糖又经肝脏转换变成葡萄糖，才能被人体吸收。

在没有人理睬碳水化合物的时候，它就会回到自己的地盘，将蔗糖等糖类食品，大米、小麦、玉米、大麦、燕麦、高粱等谷物，甘蔗、甜瓜、西瓜、香蕉、葡萄等水果，核桃、榛子、开心果等坚果，胡萝卜、地瓜、土豆等蔬菜，一起倒入"八卦炉"中，好从中提炼能量。

碳水化合物每天要花很多时间来修炼"能量团"，因为"小镇"里的每个建筑都需要这种"能量团"。如果能量不够，它们就会疲乏、无力、头晕、心悸……严重的时候会让整个人体"小镇"昏迷倒塌。但如果有人贪心，多拿了"能量团"，这多余的"能量团"就会转化成脂肪堆积起来，让人体"小镇"变得臃肿肥胖，甚至会堵塞人体"小镇"里的各种道路，让"小镇"陷入瘫痪。

人体每日需要多少碳水化合物

根据目前中国国民对膳食碳水化合物的实际摄入量和世界卫生组织、联合国粮农组织的建议，我国在 2000 年重新修订了健康人群的碳水化合物供给量，规定由其提供的能量应占摄入总能量的 55%~65%。

毁誉参半的脂肪

遥想当年蛋白质、碳水化合物、脂肪"桃园三结义"时，人体"小镇"的居民对前两者都是交口称赞，唯独对脂肪的评价是毁誉参半，有的居民甚至是避之不及，其实我们真的要为脂肪来正个名，脂肪并不可怕，只要吃对了，人体"小镇"不仅会正常运转，而且还会生机盎然。

轻松一刻：

无比冤枉的脂肪

面对人体内许多器官嫌弃的目光，脂肪发出了心灵的呐喊："喂，你们大家为什么都不理我？"

心脏说："你会堵塞我。"

肌肉说："你会让我变胖。"

血管说："你会堵塞人体'小镇'的道路，令它们变得狭窄拥挤，导致严重的后果。"

听了大家的话，脂肪委屈地说："我能帮助人体'小镇'维持体温，还能帮助固定你们每个人的位置，让你们不变形跌倒。其实，我明明就是集油、坚果、鱼、肉的精华于一身，可为什么你们只喜欢它们，不喜欢我？"

大家异口同声地说："因为你的名字起得不好！"

很多年来，脂肪一直是个不受欢迎的角色。殊不知，脂肪是维持人体正常新陈代谢所必需的营养素，脂肪在人体内相当于贮存能量的"燃料库"，遇上饥饿或需强体力时，首先动用体内脂肪，以避免消耗机体蛋白质。

虽然脂肪主要来源于各种油类、核桃等坚果，以及鱼和肉，但它却为蔬菜和水果等几乎不含脂肪的食物中的维生素转化提供了巨大的便利。这是因为维生素中有一类是脂溶性维生素，这类维生素在人体中的吸收和利用，可是少不了脂肪来帮忙的。

此外，脂肪还是孩子智力发育的重要物质基础。从大脑的结构来看，大脑有上千亿个脑细胞和数不清的神经纤维，它们的正常发育是离不开脂肪的。

角色多变的维生素

与家族中三位"带头大哥"相比，维生素有时候会显得微不足道。因为三位大哥一旦缺位，人体"小镇"会立即拉响警报，但是维生素偶尔缺一点儿，似乎对人体"小镇"没有任何影响。真的是这样吗？

维生素是典型的"今天你对我爱答不理，明天我让你一病不起"的"狠角色"，所以为了身体健康，需要每天补充一定量的维生素。但是凡事满则溢，维生素再好，也不能过量补充，因为过量食用维生素会导致慢性中毒。同时，需要注意的是，维生素有很多不同的种类，不同种类的维生素分别具有不同的特定的代谢功能，不能互相代替。

常见维生素的来源及主要作用

维生素名称	食物来源	主要作用
维生素 A	动物肝脏、未脱脂的乳和乳制品、蛋黄、鱼肝油、胡萝卜等	夜视力和角膜的保护神
维生素 B_1	动物内脏、肉类、豆类、糙米、麦芽等	维持神经健康，消除疲劳
维生素 B_2	酵母、动物内脏、牛奶、蛋类、花生、豆类、瘦肉等	维持视网膜正常色觉功能，防止眼睛充血及嘴角裂痛
维生素 B_6	肉类、鱼类、蔬菜、酵母、麦芽、糙米、蛋类、牛奶、豆类等	促进氨基酸的合成与分解
维生素 B_{12}	动物肝脏、瘦肉、乳制品等	预防贫血，改善注意力和记忆力
维生素 C	柳橙、柠檬、柑橘、猕猴桃等水果，圆白菜、玉米、青椒、芥蓝等蔬菜	增强抵抗力，预防静脉血栓、心脏病及脑卒中等心血管疾病
维生素 D	动物的肝脏、海鱼、蛋黄等	壮骨又健脑的双面能手
维生素 E	水果、坚果、绿叶菜、肉、牛奶等	抗衰老大明星，能促进性激素分泌，使男性精子活力和数量增加，使女性雌性激素浓度增高，提高生育能力
维生素 K	菠菜、莴笋等	凝血神器，有助于伤口愈合

自相矛盾的矿物质

人体中矿物质无处不在，种类繁多，既有我们熟悉的钙、铁、锌、硒，也有我们不熟悉的钾、钠、镁、硫、磷、硅、氯、碘、氟等。矿物质在人体内的需求量极少，但在人体中却发挥着至关重要的作用。

人体中主要的微量元素来源与作用一览表

微量元素	主要来源	作用
钙	乳类、虾皮、海带、芝麻酱等	构成骨骼和牙齿，参与神经、肌肉等组织的新陈代谢过程，维持人体内的电解质平衡
锌	瘦肉、海产品、谷类、豆类、萝卜等	参与核酸和蛋白质的代谢作用，从生殖细胞到生长激素，从大脑发育到记忆思维，从皮肤到免疫功能，都需要锌来帮忙
铁	动物肝、动物肾、猪血、鸭血、蛋黄、瘦肉等	参与肌体内氧和二氧化碳的输送及组织呼吸；参与血红蛋白、肌红蛋白及多种含铁酶的合成，预防贫血
碘	海带、紫菜、发菜、海蜇等海产品	甲状腺球蛋白的主要成分，参与甲状腺素的合成和分泌，可调节甲状腺功能；促进毛发、指甲、皮肤的生长
镁	谷类、坚果、豆类、蔬菜等	激活体内多种酶，抑制神经的兴奋，参与体内蛋白质的合成，调节体温；缓和焦躁情绪，保持安定的精神状态
铜	谷类、豆类、坚果、肉类、蔬菜等	促进血红蛋白的合成

矿物质虽好，可不要贪多哦

人体如果缺少了某种矿物质，可能导致体质的下降，甚至产生疾病，危及生命。但如果摄入过多矿物质，也容易引起中毒症状及过剩症状。虽说它们都为人体的正常运转贡献了自己的力量，不过它们也经常会因为争抢吸收通道而"开战"。比如，钙、铁、锌三种离子同时进补，会争抢吸收通道，影响吸收。建议大家如果不是遵医嘱，尽量不要通过服用保健品来补充矿物质，通过食补的方式补充矿物质是目前来讲最安全的方式。

大材小用的水

在一般人的概念里，水是最没有营养的东西了。殊不知，水可是人体中的"镇山之宝"，在我们人体中三分之二都是水的地盘，没有了水，人体可就要彻底瘫痪了！

水是生命之源

人体中所有的生化反应都必须有水的参与。当我们摄取的水分不够时，我们身体内的血液会变得过于黏稠，有毒的垃圾无法被有效地清除掉，大大加重肾脏、肝脏等器官的负担。

饮水的最佳时间和健康的饮水方式

人体中的水有三个来源，饮水只占 50%，食物中含的水为 40% 左右，体内代谢产生的水占 10% 左右。一次性大量饮水会加重胃肠负担，使胃液稀释，既降低了胃酸的杀菌作用，又会妨碍对食物的消化。

最佳的饮水方式是每天多次少量饮水。另外，在以下三个时段，最好适量饮水。

1.睡觉前，适度饮水有利于预防夜间血液黏稠度增加，但注意不要饮水后直接上床睡觉，应间隔半小时以上。

2.晨起后，饮水可降低血液黏稠度，增加循环血容量。注意，此时应饮用温水，以利于阳气的生发。

3.运动后，应及时补充体内丢失的水分。但应注意不要大量饮水，也不要饮用冰水。

→日常饮水，应以温水为宜。过热的水容易对食道黏膜造成损伤，而过凉的水则可能引起胃肠不适。

疏积导滞的膳食纤维

膳食纤维是营养家族刚刚"认祖归宗"的"孩子"，之前营养界都不认可它的地位。直到近年来，人们的饮食习惯日益向高脂肪低膳食纤维方向发展，人体的各种亚健康状况频发，人们才发现营养家族这个"小儿子"的神奇之处。

默默无闻的人体清道夫

膳食纤维作用1：膳食纤维最擅长清洁消化道，以缩短粪便在体内的滞留时间，改善便秘，预防肠癌。

膳食纤维作用2：加速食物中的致癌物质和有毒物质的排出，养生养颜。

膳食纤维作用3：加速排泄胆固醇，降低餐后血液的黏稠度，具有帮助糖尿病患者降低血糖和甘油三酯的作用。

喜欢和植物性食物做朋友

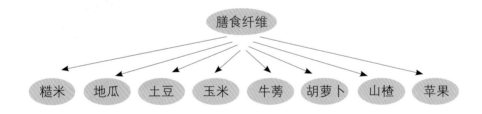

膳食纤维 → 糙米 地瓜 土豆 玉米 牛蒡 胡萝卜 山楂 苹果

怎样判断你是否需要补充膳食纤维？

中国营养学会建议，膳食纤维的摄入量成人为30克／日。你可以从人体每日运出垃圾——排便的情况来推断是否需要补充膳食纤维——每天一次刚刚好。

如果那些"垃圾"干燥量又少，说明缺乏膳食纤维，肠胃的消化动力不足，可适当增加膳食纤维的摄入量。但也不要贪多，过多地摄入膳食纤维会导致腹部不适，如增加肠蠕动和产气量，影响其他营养素如蛋白质的消化和钙、铁的吸收。此外，在补充膳食纤维的时候，一定要记得多喝水，否则反而容易引起便秘。

第二章 开始做饭啦，你准备好了吗？

工欲善其事，必先利其器。在做饭前，选好食材、调料和烹制器皿都是十分重要的准备工作。不要奢望能用烂菜叶做出多美味的菜，没有化腐朽为美食的本事，还是踏踏实实地走好每一步吧。这当中的第一步，就是做好开火前的各种准备工作！

陈小厨教你挑选新鲜蔬菜

如何根据季节选购蔬菜？

众所周知，食用应季蔬菜要比食用反季节蔬菜更健康。蔬菜的选择除了要应季之外，还要注意根据蔬菜的不同生长特点，尽量避开农药残留高的蔬菜。

一般情况下，早春生产的茄果瓜类蔬菜较易发生病害，多数时候都会使用杀菌剂。茄果瓜类、豆类是连续性采收，生长期长，因此边使用农药防治病虫边采收是此类蔬菜的特点。到了秋季，出现害虫的蔬菜种类较多，且抗药性强，因此使用农药较多。散生形绿叶菜类比包心类叶菜中农药残留更为严重。

因此，冬春季可多挑选绿叶菜，秋季多挑选茄果瓜类、包心类叶菜，夏季，要多挑选包心类叶菜食用比较安全。因为包心类叶菜的生长过程是由外向内包心，喷洒农药也只喷洒在老叶上，采收时老叶已经去除，所以相对安全。

此外，要根据季节特点，选择适宜功效的蔬菜。

春季宜选择维生素 C 和维生素 A 含量高的蔬菜

春季来临，天气渐暖，但气温变化较大，"倒春寒"偶尔来袭。饮食中应多增加西蓝花、番茄等富含维生素 C 的蔬菜，以增强身体抵抗力，对抗病毒，预防春季感冒。同时，由于维生素 A 具有保护和增强上呼吸道黏膜和呼吸器官上皮细胞的功能，故应注意多进食胡萝卜、南瓜等富含维生素 A 的蔬菜。

夏季宜选择水分较多或具有清热解暑作用的蔬菜

夏季骄阳似火，天气炎热，人体水分丢失比较严重，故在饮食中应多选择水分含量高的蔬菜，如番茄、黄瓜、豆芽、白菜等。同时，人们容易因为暑热而胃口大减，胃火旺盛，故应多选用苦瓜、芹菜、莲藕等具有清热解暑作用的蔬菜。

秋季宜选用具有滋阴润燥作用的蔬菜

立秋之后，瑟瑟秋风起，天气干燥，人也会变得烦躁，故此时应多选择韭菜、白萝卜、银耳、莲藕等具有滋阴润燥作用的蔬菜。此外，秋季也是呼吸道疾病和过敏性疾病的高发季节，故可以适当选择茄子、白菜、菜花、西蓝花、番茄等富含维生素 C 的蔬菜。

冬季宜选用含热量相对较多的温热性蔬菜

冬季寒冷而多风，热量损失大，故可以选用山药、芋头、南瓜等含热量相对较多的蔬菜，以及辣椒等具有温热御寒作用的蔬菜。

如何挑选根茎类蔬菜？

◎**胡萝卜**：以形状坚实、呈现橙红色、表面光滑者为佳。

◎**白萝卜**：以叶片新鲜、外表洁净光滑、无裂痕、少须根者为佳。

◎**茭白**：以外形肥大、新鲜柔嫩、肉色洁白、带甜味、无破损者为佳。

◎**芹菜**：以肉厚、质密且菜心结构完好，分枝脆嫩易折者为佳。

◎**莴笋**：以茎粗大、中下部稍粗或呈棒状，叶片不弯曲、无黄叶、不发蔫，肉质细嫩，多汁新鲜，无空心，不苦涩者为佳。

◎**莲藕**：以节短身粗、呈圆柱状、表面有光泽且呈乳白色、孔洞小、洞中不带有泥土者为佳。

◎**洋葱**：以外观完整、没有损伤和腐烂，颜色茶褐色为佳。外皮要干燥，若外皮湿软，则可能是发霉了。

◎**竹笋**：以壳呈黄色，肉嫩者为佳。笋肉以白色最好，黄色次之，绿色最差。新鲜的竹笋，节与节之间距离越短，则笋肉越嫩。

◎**西蓝花**：以手感重者为佳。但需要注意的是，如果花球过硬则不要购买，这样的西蓝花一般比较老，不适合食用。

◎**山药**：以表皮无伤痕、无异常斑点、颜色均匀有光泽、形状完整者为佳。

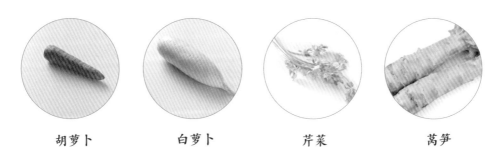

| 胡萝卜 | 白萝卜 | 芹菜 | 莴笋 |

莲藕

洋葱

西蓝花

山药

如何挑选叶菜？

◎**白菜**：以颜色鲜亮、无霉斑、无老叶、帮叶结实紧凑，且有重量感的为佳。

◎**菠菜**：以叶柄短、根小色红、叶色深绿者为佳。

◎**油菜**：以新鲜、油亮、无虫、无黄叶、脆嫩（用两指轻轻一掐即断）者为佳。

◎**韭菜**：以鲜翠亮丽、无烂叶、无断枝、不软垂者为佳。

白菜

菠菜

油菜

韭菜

如何挑选果实类蔬菜？

◎**青椒**：以颜色深、果肉厚、果形均匀者为佳。不要挑选畸形或果形过于膨大的青椒。

◎**南瓜**：相同体积的南瓜以质量较重且颜色较深者为佳。

◎**冬瓜**：以皮薄细嫩、外形完整、表皮有一层白霜者为佳。

◎**苦瓜**：以表面颗粒大者为佳。颗粒越大、越饱满，表示瓜肉越厚，反之则越薄。

◎**黄瓜**：以皮嫩、硬挺、刺儿坚、带花者为佳。

◎**丝瓜**：以瓜形挺直、大小适中、表面无皱、水嫩饱满、皮色翠绿者为佳。

◎**茄子**：茄子的萼片与果实连接的地方，有一个白色略带淡绿色的带状环，也称茄子的"眼睛"。"眼睛"越大，茄子越嫩；"眼睛"越小，茄子越老。

◎**四季豆**：以豆荚肥硕多汁、折断时无老筋、色泽嫩绿、表皮光洁无虫痕者为佳。

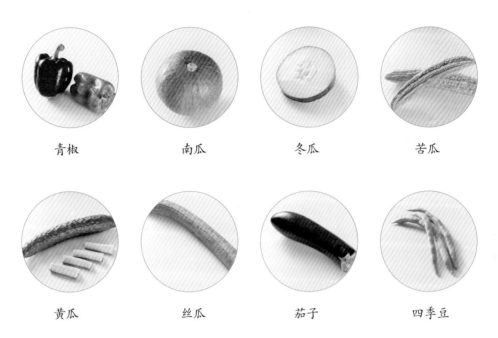

青椒	南瓜	冬瓜	苦瓜
黄瓜	丝瓜	茄子	四季豆

如何面对异常蔬菜？

　　蔬菜的挑选不仅是选择食材的过程，更是选择健康的过程。但是琳琅满目的蔬菜品种中，你总能翻出几个奇特的"歪瓜裂枣"。这时你的脑海中可能会闪现一个奇怪的念头——"绝版蔬菜"可遇不可求，要不要尝尝新？对此，我只能奉劝你一句：好奇害死猫。

如何面对形状异常的蔬菜？

　　蔬菜出现形状异常通常是由于两种情况所致：一是蔬菜不新鲜，因萎蔫、干枯、损伤、病变等造成异常形态；二是蔬菜由于使用了激素而长成畸形。这里我要和大家说一种特殊的形状异常，那就是"超级笔直"。

　　我曾在北京的菜市场见过一种黄瓜，几十根黄瓜笔直得像铅笔一样，长度几乎相等，就连顶上的黄花都像是从工厂里批量生产出来的，一模一样。如果你曾经在农村生活过或是去生态农场里参观过，你就会发现，可能在几千斤黄瓜里都挑选不出一筐如此"优秀"的黄瓜。很显然，它们是被强效药物摧残过的。

选这样的食材吃下肚，你认为安全吗？

如何面对颜色异常的蔬菜？

蔬菜就像人一样，因为种族不同，肤色也会有所差异。所以，蔬菜并不是颜色越鲜艳越好，如购买樱桃萝卜时要检查萝卜是否掉色；发现干豆角的颜色比其他干豆角鲜艳时，就要慎重选择。在挑选蔬菜时，不妨多摸摸它们，再看看摸过蔬菜的手，如果有不应该出现的颜色残留，那就要头也不回，转身而去。

如何面对气味异常的蔬菜？

闻香识女人，闻味也可以选蔬菜。有些不法商贩为了使蔬菜更好看，会用化学药剂对其进行浸泡，而这些化学药剂的异味，有时候不容易被冲洗掉。一旦闻到蔬菜有异味，还是赶紧走掉为妙。

挑选蔬菜忌"三贪"

1. 不要贪大。蔬菜的生长有着自己的规律，过大的蔬菜，可能是使用了某种人工合成的激素等催大的，所以，在选择蔬菜的时候，应该尽量选择个头适中的。比如，挑选韭菜时，应该尽量选择窄叶韭菜，宽叶韭菜只是看起来漂亮，在口感和食用安全性方面都要逊色不少。

2. 不要贪便宜。我经常在网上见到有些省钱攻略上写着要趁着每天晚上超市蔬菜打折的时候购买蔬菜，这是极其不明智的。据我所知，很多打折的蔬菜都是久存的"剩货"，而久存的蔬菜中维生素的损失是很大的。退一万步讲，即便不是久存的蔬菜，被别人来回拨拉了一天的蔬菜，其表皮也可能会存在破损、撞伤等，如果不去掉这些"伤口"，肯定会影响菜的口感，如果去掉这些部分，再算算价格，也和买新鲜的蔬菜差不多了。

3. 不要贪多。有的人因为工作较忙或是不愿意频繁去超市、菜市场等人多拥挤的场所，故而喜欢一次性买够本周需要的所有水果和蔬菜。我建议大家这样。久放的蔬菜不仅容易流失营养成分，而且还可能会产生有毒物质。比如，久存后发芽的土豆，容易产生龙葵素，这是一种能够抑制呼吸中枢神经活动的毒素。

你的菜洗干净了吗?

蔬菜用什么洗?

看到这个标题, 你心中可能都要呐喊了, 蔬菜当然是用水洗啦! 可是用什么样的水呢? 要不要加点什么呢?

所有人都知道, 市场上新鲜无虫害的蔬菜, 大多是喷过农药的。在食用这些蔬菜时, 必须要仔细清洗。有人喜欢用盐或清洁剂清洗蔬菜, 其实和用清水相比, 差别并不大。若后期清洗不干净, 清洁剂反而会残留于蔬菜上, 因此, 最好的清洗蔬菜的方式就是以流动水逐个清洗, 虽然会浪费一些水, 但这种方式是非常安全有效的。

蔬菜怎么洗?

蔬菜的清洗不能一概而论, 要讲求"因材施洗"。

1. **带皮蔬菜:** 如丝瓜、黄瓜等, 用软毛刷子或干净牙刷在流动的水下轻轻刷洗。

2. **包叶类蔬菜:** 如圆白菜、大白菜等,可以先把外围的叶片丢弃,内叶部分再一片一片在流动的水下清洗。

3. **小叶类蔬菜:** 如菠菜、韭菜,可去除叶柄基部,再将剩余的叶子放在流动水下清洗。

蔬菜何时洗?

从市场买回蔬菜后,不要把所有蔬菜都一股脑儿全部洗净,因为这样的话,当顿吃不完的那些无论是放置于室温下或是冰箱中, 都会加速腐烂,因此,现吃现洗即可。

此外,蔬菜须先洗后切,切后即烹。因为先洗后切与切后再洗,其营养损失程度差别很大。蔬菜中的水溶性维生素和矿物质等都能溶于水,它们存在于蔬菜组织或汁液中。蔬菜加工得越细小, 与水接触时间越长,营养成分也就流失得越多。

你会切菜吗?

直切

◎ **刀法演示**：直切是指将刀顺着食材（或横放于食材上），一手扶稳食材，一手持刀，刀身与砧板垂直，上下起落将食材切断。食材不动，切下的每一刀都是平行的。

◎ **适合的食材**：无骨的食材，如四季豆、竹笋等。

滚切

◎ **刀法演示**：滚切是指每切完一刀，便将食材滚动一次，滚动的角度应一致，才能使切好的食材形状保持一致。

◎ **适合的食材**：球形、圆柱形或近似柱状的脆性食材，如丝瓜、萝卜、土豆、茄子、番茄等。

拉切

◎ **刀法演示**：拉切是用刀刃的中后部位对准食材，由上而下一拉到底，将食材切断。

◎ **适合的食材**：软的或有韧性或有筋的食材，如鸡肝、猪蹄、肉丝等。

锯切

◎ **刀法演示**：锯切是以先推后拉的方式，像用锯子锯一样将食材切断。

◎ **适合的食材**：较厚较硬的韧性食材，或组织松散的食材，如里脊肉、火腿、面包、蛋糕等。

铡切

◎ **刀法演示**：铡切是指一手持刀柄，一手按住刀背的前端，将食材放在刀刃的中间，抬起刀柄时压低刀尖，持刀柄的手再用力压切，如此反复交替。

◎ **适合的食材**：适宜切末、切带壳或带软骨的食材，如牛肉、螃蟹等。

你知道哪些食材烹饪前需要汆烫吗?

什么是汆烫?

汆烫是指将食材放在锅中,加水(有时候也会加些调料在锅里)略煮的一种处理方式,也称之为汆、汆水、焯、焯水、飞水等。汆烫可以缩短烹炒时间、便于加工。经过汆烫的食物已经半熟或七八成熟,下锅后,可以在很短的时间内烹炒至熟。此外,汆烫可以调整不同食材的加热时间,使同一道菜中不同食材的烹炒时间达到一致。最重要的是,汆烫可以去除食材中某些不利于人体吸收的元素。

哪些食材需要汆烫?

草酸含量高的蔬菜

草酸不但会影响食材入菜的口感,同时也会影响人体对钙、铁等营养元素的吸收,甚至会与钙元素结合,诱发人体结石。研究证实,将含草酸的食 材放入沸水中汆烫一下,就可以去除大部分草酸。

菠菜、苋菜、竹笋、芹菜、甜菜等带有涩味的食材一般都含有较多草酸,所以在烹饪这类食材前,一定要先汆烫一下,以免食用后引起不适。

硝酸盐和亚硝酸盐含量高的蔬菜

硝酸盐和亚硝酸盐进入人体后可能会产生致癌物质,所以,烹制这类食材前,一定要汆烫以去除亚硝酸盐和硝酸盐。

香椿、空心菜等叶菜含有硝酸盐和亚硝酸盐较多,未经汆烫,最好不要食用。

原生态的野菜

野菜本身对人体好处多多,不过很多野菜由于生长环境所限,可能会被农药、废水、废气甚至是动物粪便所污染过。

为了食用安全,食用马齿苋、荠菜、苦菜、灰灰菜、蕨菜、桔梗等野菜前要进行汆烫。

如何汆烫?

分开汆烫

有时候烹饪一道菜时,同时有几种食材需要汆烫,切不可一股脑把所有食材都丢进锅里。一般要遵循这样几个原则:

1. 不同颜色的食材应分别汆烫。深色食材入水后会有自身所含的天然色素溶于水中,浅色食材若一同下锅就会被染色,影响美观。

2. 不同气味的食材应分别汆烫。对于有特殊气味的食材, 如牛肉、羊肉、肥肠、毛肚、菠菜、韭菜等,要分开汆烫,以免食材串味而影响口味和质地。

3. 成熟时间不同的食材应分别汆烫。体积大的、质地老硬的要汆烫久一点儿,体积小的、质地嫩软的汆烫时间要短一些。

冷水下锅汆烫

◎ **操作方法:** 锅中放入洗净的食材,加入冷水,水不要太多,刚没过食材即可。然后开火加热,并用勺子翻动食材,使其受热均匀,并撇去浮沫。

◎ **适合的食材:** 这种汆烫的方法因为对食材的加热时间较久,一般适合肉类食材,如猪肉、牛肉、毛肚、肥肠等。这样做的目的是为了使肉类食材中的血污在热水中充分渗出。

开水下锅汆烫

◎ **操作方法:** 锅放火上,加水烧开,将需要汆烫的食材放入开水锅中,汆烫片刻即可捞起,视需要用冷水冲洗,使食材冷却。

◎ **适合的食材:** 这种汆烫方法一般适用于蔬菜类食材和腥味较小的肉类食材,如菠菜、芹菜、鸡肉、鸭肉等。这样做的目的是去除草酸等,或保持食材的色泽、嫩度。

汆烫时需要往锅里加些什么?

为了避免水溶性维生素的损失,可以在锅中加入适量的食盐,使其浓度接近生理盐水的浓度,这样入锅汆烫的蔬菜细胞内外部的浓度相对平衡,细胞液中可溶性成分流失到水中的速度会有所减慢。

你了解家庭常备调味料吗?

常见的固体调料

名称	在调味中的具体作用	使用时的注意事项
盐	渗透力强,适合腌制食物	要注意腌制时间与用量
味精	增加食物的鲜味	加入汤中最适合
白砂糖	红烧及卤菜中加入少许糖,可增添菜肴的风味及色泽	不要放太多
淀粉	一般用于勾芡。油炸食物时先拍粉,可增加脆感;用于上浆时,可使食物保持滑嫩	使用时先用水调开
小苏打粉	腌浸肉类,可使肉质较松,口感滑嫩	注意用量和配比
泡打粉	加入面糊中,可以显著增加成品菜的膨胀感	注意用量和配比
面粉	制作面糊	分高筋、中筋、低筋三种,制作面糊时以中筋面粉为宜
大料	常用于红烧菜及卤菜时除腥、增香	味道极浓,酌量使用
五香粉	由桂皮、大茴香、花椒、丁香、甘草、陈皮等制成,增香提鲜	味道浓烈,酌量使用
豆豉	增香提鲜,味道独特	干豆豉使用前用水泡软并切碎,湿豆豉可以直接使用。
红葱头	去腥	切碎爆香时应注意火候,若炒焦则会有苦味。
辣椒	增加菜肴辣味,使成菜色彩鲜艳	宜先将籽去除。热油爆炒时需注意火候,不宜炒焦
胡椒	去腥及增加香味	白胡椒较温和,黑胡椒则味道较重
花椒	多用于制作红烧菜及卤菜	花椒炒香后磨成的粉末即为花椒粉,若加入炒黄的盐则成为花椒盐(常用于蘸食)

常见的液体调料

名称	在调味中的具体作用	使用时的注意事项
酱油	使菜肴入味，增加菜品的色泽	适合红烧及制作卤味
醋	去腥	深色醋不宜久煮，在起锅前加入即可。白醋宜略煮，可使酸味变淡
料酒	去腥味、增香味	烹调鱼、肉类时必须添加
蚝油	鲜味极强，可起到提鲜的作用	蚝油本身较咸，可少放盐或放入白糖稍加中和
香油	增加菜品的香味	放得过多会有油腻感
番茄酱	增加菜品色泽	常用于茄汁、糖醋等菜肴的烹制
芝麻酱	有浓郁的香味，多用于拌制凉菜	本身较干，可加冷水或冷高汤调稀
辣豆瓣酱	调色、增味	本身味咸，需减少放盐量，食用时最好先用油爆炒一下
辣椒酱	增添辣味，改善菜肴色泽	吃多了容易上火
鲍鱼酱	采用天然鲍鱼经浓缩制造而成，增鲜作用显著	适于煎、煮、炒、炸、卤等多种烹制方式

工欲善其事，必先利其器

各"锅"干各活

平底锅——煎平"天下"

平底锅是我最喜欢的一种锅，这可能与我经常做西餐有关。没有比平底锅更适合煎东西的锅了，加点油，随便把洗净的食材扔进去，再加点盐，就可以有美味出锅了，简直是速食神器。

平底锅外面有一层烤漆，在刷锅的时候千万不要用钢丝球，也不要相信小苏打能够帮你搞定它。对付这些烤漆上的油渍，最好办法就是用完了马上清洗。

高压锅——压烂众料

高压锅能在最短的时间内迅速将汤品煮好，食材营养却不被破坏，既省火又省时，适于煮质地较韧、不易煮软的原料。但高压锅内放入的食物不宜超过锅内的最高水位线，以免内部压力不足，无法将食物快速煮熟。

高压锅使用后一定要彻底清洗锅体，特别是当你用高压锅烹制肉类后，最好将高压锅内加满水，用洗洁精或小苏打泡上一会儿，让锅体内壁上的腥膻之气得到完全浸泡后再清洗，不然下次打开使用的时候，会有很大的异味。此外，不要忘记锅盖上的密封条，也一定要彻底清洗，并且最好隔段时间就换一个，以免你的新菜里还残留着上一道菜的味道。

砂锅——熬出新生

用砂锅煲汤，汤汁浓郁、鲜美且不丢失原有的营养成分。不过砂锅的导热性差、易龟裂，新砂锅最好不要直接使用，第一次用先在锅底抹一层油，放置一天后洗净并煮一次水再用。用砂锅煲汤时，要先放水，再把砂锅置于火上，先小火慢煮，再改大火煮。

顺便提一句，购买砂锅时，尽量不要买最便宜的那种，我一般习惯买价位稍高一点的砂锅。至于为什么这样做，我只能说，我试过价格差异较大的几种砂锅，煲出来的汤味道还真是有不小的差异。

小器具，大麻烦，巧解决

如何处理菜板上的残渍和异味？

塑料菜板表面多会有比较粗糙的纹路，使用时间一长，很容易变得不干净，尤其是在经过长时间切菜后，菜板上的剁痕会变多，从而更容易藏污纳垢，清洗起来也会更困难。那么有没有什么清洁塑料菜板的好办法呢？

一张粗质的水磨砂纸就可以帮您把这个问题轻松解决掉——拿一张砂纸，一边摩擦菜板一边用流动水清洗摩擦处，菜板上的污渍很快就会被完全清理掉。

木菜板上不容易产生残渍，但容易有怪味产生。要解决这个问题，您可以先把菜板放在淘米水里浸一下，然后再用生姜或生葱来擦洗，怪味就去除掉了。尤其要注意的是，切生菜的菜板和切熟食的菜板是要分开的，因为生菜有较多的细菌和寄生虫卵，会污染菜板，再用来切熟食的话，熟食也会被污染的。

如何处理粘锅底？

熬粥或炒菜时经常会有粘锅底的现象，如果不采取措施立即就刷的话，锅底很难刷洗干净，而且用硬物刮也容易伤到锅本身。一个比较便捷的做法是，往锅里加些清水，水量以没过所粘的范围为佳，然后把锅放在小火上烧，几分钟后熄火浸泡。再过一会儿，粘在锅底上的食材很容易就洗掉了。

另外提醒大家的是，其实粘锅是可以避免的，比如熬粥的时候勤搅动，用火不要太大；炒菜的时候一旦"干锅"便适当加些水等。

如何处理锅底焦黑？

粘锅底严重到了一定程度，就会变得焦黑。锅底焦黑很难清洗，也不宜用硬物用力刮，否则很容易损伤锅底。要解决这个问题您可以请醋来帮忙——把醋和水以 1：2 的比例放进锅中，高度以盖住焦黑部分为佳，然后开火煮沸 5 分钟，再盖上盖子浸泡一夜。第二天清洗时，只需轻轻一刮焦黑就全下来了。

说说烹饪中的那些油

油是烹饪中不可或缺的重要角色，以前大家习惯统称它们为食用油。可眼下，当你走进超市会发现，食用油的种类大概能有十几种之多。那么，该怎样合理选择烹饪用油呢？下面我挑几种常见的油给大家说说。

最传统的大豆油

顾名思义，大豆油是将大豆压榨制成的。大豆含有丰富的卵磷脂、维生素E等，有预防肿瘤、降低血脂和降低血胆固醇的作用。但是由于大豆油有很浓的豆腥味，会影响食物的口感，而且加热时易产生较多的泡沫，所以，我不是很喜欢用大豆油。客观地说，大豆油更适合老年人食用。这是因为大豆油在人体内的消化率高达97.5%，很适合消化吸收功能差的老年人。此外，大豆油含大量的多不饱和脂肪酸，有减少人体动脉上胆固醇沉积、预防动脉粥样硬化的作用，而老年人恰恰是动脉粥样硬化的高发人群，所以选择这款油再适合不过了。

在购买大豆油时，我有两个小建议：一是注意看原料是否为转基因大豆。目前对转基因食品的看法仍未达成一致，我个人倾向于尽量避免食用。二是大豆油含有较多的亚麻油酸，较易氧化变质，建议大家尽量买小瓶装的，不要选大桶装的。

时尚新潮的橄榄油

这是颇具小资情调的一种油，不但可以吃，还可以用来涂抹皮肤，减少皱纹产生。食用橄榄油的好处可以写上很多条，比如可以改善内分泌、健胃消食、减肥消脂、美容养颜、降低血脂、预防心脑血管疾病等。因为橄榄油不含胆固醇，可以说，是非常健康的一种油。但是，人无完人，物也如此。除了价格高之外，橄榄油还有一个缺点，那就是温度过高时会产生反式脂肪酸，所以，它更适合用来做西餐或是凉拌菜。

香喷喷的花生油

我做需要旺火加热的菜肴时，喜欢用花生油，因为它比大豆油香，而且比大豆油的保健功能更为强大。花生油的含锌量是所有油类中最高的，而且花生油中含有丰富的胆碱，可以帮助改善记忆力，非常适合上班族食用。

第三章 超营养简单早餐，外卖总结者

一日之计在于晨，如果你的早餐永远是外卖 App 上划拉来的油条、煎饼果子、豆浆……可能这些看起来还挺家常的外卖，有一天会影响你的健康。其实，排长队购买早餐或是等着外卖送到的时间，足够你自己动手制作一份营养简单的早餐了。最重要的是，与那些来路不明的外卖早餐相比，自制的早餐是最卫生、最放心的。

全麦包鸡蛋三明治
+
热牛奶

妙手生花，巧做全麦包鸡蛋三明治

　　全麦面包的麦香、各色蔬菜的清新脆爽，再加上黄瓜的脆嫩口感，会一股脑儿迸发出来，顿时打开你的味蕾，诱惑着你一口接一口地吃个痛快。

/ 材料 /

全麦吐司
面包 3 片
（多数超市有售）
番茄 50 克
黄瓜 30 克
鸡蛋 1 个
生菜 10 克

/ 调料 /

黑胡椒粉 3 克
盐 2 克
芝麻 适量
沙拉酱 适量

/ 做法 /

1 将全麦吐司面包放入多士炉中加热 1～2 分钟（或是放入不粘锅中煎至两面焦黄）后取出，在每片面包片上都抹上沙拉酱。

2 将鸡蛋用平底锅煎成太阳蛋，喜欢吃熟一点的可两面煎，多煎一会儿。

3 番茄、黄瓜洗净后，分别切片；生菜洗净，撕成小片。

4 拿起一片面包片，放上生菜片、番茄片，撒上盐（盐的量可以根据个人喜好增减），盖上第二片面包片，再在第二片面包片上放上生菜片、黄瓜片、煎蛋，撒芝麻、黑胡椒粉，盖上第三片面包片，然后沿着对角线切开，三明治就做好了。

　　一定要沿着对角线切开才好看，不要切成两个长方形。

精心搭配，速制热牛奶

/ 材料 /　牛奶 1 杯
/ 做法 /　牛奶加热后饮用味道更佳哦。

薄饼鸡肉卷 + 热豆浆

妙手生花，巧做薄饼鸡肉卷

软嫩多汁，酸咸相间，让人回味无穷！把卷好的薄饼斜切，然后对叠在一起，上面再放些绿色蔬菜加以装饰，色彩会更丰富哦。

/ 材料 /

薄饼 2 张
（多数超市有售）
生鸡胸肉 8 克
生菜 40 克
番茄 30 克
黄瓜 20 克

/ 调料 /

孜然粉 5 克
辣椒面 3 克
盐 3 克
色拉油 适量
玉米淀粉 少许

/ 做法 /

1 将生鸡胸肉切成厚片，加入少许盐、玉米淀粉、水，搅拌均匀，腌 15 分钟。

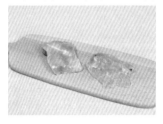

2 将生菜、番茄、黄瓜分别切成条。

3 将孜然粉、辣椒面、盐放入平底锅中，小火炒至刚刚闻到香味就停火盛出（注意一定要用小火，不要炒煳了）。

4 将墨西哥薄饼放入微波炉中加热 30 秒即可。

5 炒锅置于火上，倒入适量色拉油烧热，放入腌好的鸡肉片炒熟，出锅。

6 将加热后的薄饼打开，依次放入炒鸡肉片、生菜条、番茄条、黄瓜条，最后撒上之前炒制好的调料，将食材用薄饼卷紧即可。

精心搭配，速制热豆浆

/ 材料 /　黄豆 15 克，黑豆适量（两者均需提前一天泡发）

/ 做法 /　将提前一天泡好的豆子放入豆浆机中打成豆浆，煮熟，即可饮用。

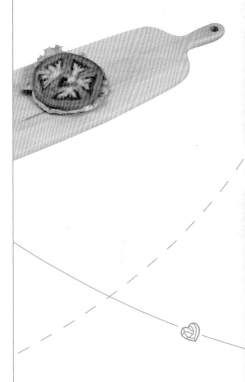

鸡肉汉堡
+
鲜榨果汁

　　在国外生活时，每次去快餐店不知道吃什么的时候，经常会点上一个鸡肉汉堡。次数多了，再拿起它时，就有了一种"似是故人来"的感觉。回到国内后，加班时我也经常会自己做上几个鸡肉汉堡与美食小组的同事们分着吃，他们有时会调侃我"人在曹营心在汉"，总是喜欢吃洋快餐。

　　其实，他们不了解，鸡肉汉堡对我来说，更像是一个亲密的伙伴，陪着我走过了很多艰难的日子。在异国他乡，带给我心灵慰藉的是远在国内的亲人、友人，可是能随时温暖我身心的，除了那床被子外，就是这样一个圆圆小小的汉堡了。

　　好了，不煽情了，今天我的任务就是把我的秘制汉堡配方，大方地送给各位，尝尝我用独家秘籍做出来的不一样的美食味道吧。

妙手生花，巧做鸡肉汉堡

配酱可根据喜好调换，不爱吃沙拉酱的话可以换成千岛酱。

/ 材料 /

鸡腿肉 250 克
汉堡面包 1 个
（多数超市有售）
生菜 50 克
黄瓜 50 克
番茄 50 克

/ 调料 /

黄油 少许
盐 少许
黑胡椒粉 少许
阿里根奴香草 少许
沙拉酱 适量

/ 做法 /

1 鸡腿肉用盐、黑胡椒粉、阿里根奴香草腌 15 分钟（我习惯提前一天腌上，第二天拿来直接用。大家可以根据自己的实际情况和喜好调整，只要腌入味就可以了）。

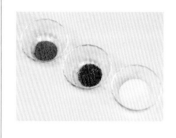

2 将生菜洗净，用手撕成小片；黄瓜和番茄分别切成薄片。

3 把腌好的鸡腿肉放入平底锅，稍微淋一点油避免粘锅，用小火煎制，煎成两面金黄时立即出锅（注意火一定要小一点，否则容易造成外面焦了里面不熟的状况。另外，煎的时间也不要太长，否则鸡肉煎得太老，口感就欠佳了）。

4 将汉堡面包切成两半（也可用超市卖的切片面包），在切面处抹上黄油、盐，轻轻放入平底锅中煎，煎到切面的表面脆脆的就可以了（也可用多士炉或烤箱烤一下）。

5 取一半煎好的汉堡面包，抹上沙拉酱，然后依次铺上生菜片、番茄片、黄瓜片、煎鸡腿肉，再抹点沙拉酱，最后放上另一半汉堡面包，诱人的鸡肉汉堡就做成了。

在摆放食材时，可以把不同颜色的食材分开来摆，做好的汉堡色、香、味俱佳。

精心搭配，速制鲜榨果汁

所配的果汁可以根据自己的喜好而定。我早上比较喜欢喝橙汁，就用橙子、矿泉水以 1:1 比例现榨橙汁来喝。

/ 材料 /

橙子 1 个
矿泉水 适量

/ 做法 /

1 将橙子洗净去皮，略切一下。

2 将橙子块与矿泉水按照 1:1 的比例备好。

3 将橙子块与矿泉水放入榨汁机中榨汁，榨好后倒入杯中即可。如果你讲究情调，可以选个自己喜欢的杯子，再装饰一下便可。

营养细分析

黄瓜、番茄含有丰富的维生素 C，既是抵抗感冒的天然药物，对因加班而憔悴的面容也是极好的修复佳品！担心光吃蔬菜和水果会让人饥肠辘辘？别忘了，这款汉堡里可是有脂肪量较少又抗饿的鸡肉呢，既能为你准备好一天工作所需要的能量，又不会让你长胖哦。

省时有妙招

在制作鸡肉的时候，如果家中有烤箱就省事儿多了。可以将鸡肉在平底锅中两面轻轻煎一下，然后放入烤箱中设定 180℃烤上 3 ~ 5 分钟，鸡肉就可以出锅啦！在烤鸡肉的同时，把面包抹上黄油，在烤箱加热鸡肉剩最后一分钟的时候放进去。当烤制结束时，你会发现鸡肉和面包同时烤好了。同样道理，在烤箱工作的时候，你完全有时间把果汁也榨好。

如果你嫌榨汁麻烦或是家中没有榨汁机，也可以在写字楼下的自动售货机上买现榨橙汁，但是不要买超市里售卖的保质期很长的那种。

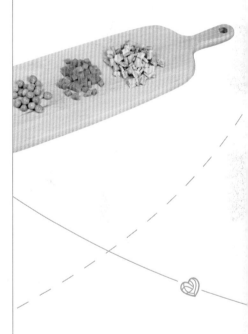

　　最近在赶一个美食沙龙的策划案，小伙伴们都是没日没夜地奋力工作。已经凌晨四点了，手里的工作还没搞定，大家伙儿都困意绵绵，胖胖更是夸张，索性往沙发上一仰，对我说："我不行了，周公叫我去约会了，可不争气的肚子却唱起了'空城计'。"我也是自觉眼皮打架、胃里空空，于是起身到厨房搜索可食之物。一碗头天晚上剩下的白米饭让我有了动手的兴致。我要做一份让人垂涎三尺的陈小厨版炒饭。

　　在很多人的印象中，米糊是喂给牙齿发育尚未完成的婴儿吃的东西，成年人吃米糊是会被笑掉大牙的。可飘着奶香的米糊又有谁会不喜欢呢？只是很少有人会想到把牛奶加入米糊中罢了。生活中，有些看似平淡寡味的东西，只需要一点点的改变，也是可以令人惊艳的。对人、对事，亦是如此。

妙手生花，巧做培根玉米炒饭

玉米的香浓，培根的烟熏味儿，在口中混合交融，带给味蕾顶级的享受。

/ 材料 /

培根 50 克
鲜玉米粒 30 克
胡萝卜 30 克
熟青豆 20 克
大米饭 适量

/ 调料 /

盐 少许
色拉油 少许

/ 做法 /

1 培根切丁；胡萝卜洗净，去皮切丁；熟青豆、鲜玉米粒备好。

2 锅置于火上，倒入少许色拉油烧热，然后依次放入胡萝卜丁、熟青豆、鲜玉米粒、培根丁，炒香后再加入大米饭翻炒均匀，最后加入少许盐即可（培根本身有咸味，炒饭时可少放些盐）。

注意啦

熟青豆和鲜玉米粒在超市都有成品售卖。如果你是行动派，以"自己动手丰衣足食"为荣，那么也可以自制。方法很简单，就是把它们放在开水里煮熟，然后捞出放凉，装到保鲜袋中，冻到冰箱里，可以随时取用哦。

不过需要提醒的是，玉米一定要整根煮后再剥粒。如果你把生玉米粒放到锅里去煮，其中的营养成分和内容物可能都会流失。

精心搭配，速制奶香米糊

我个人认为，培根玉米炒饭与奶香米糊是绝配。当然，你也可以根据自己的口味随意调配饮品，如豆浆、牛奶、蛋花汤之类。但在此我真心推荐这款奶香米糊，无论从口感还是营养价值上来说，都是值得点赞的，制作也非常省时省力。

/ 材料 /

大米饭 少许
开水 适量
牛奶 适量

/ 做法 /

将少许大米饭加入开水、牛奶（开水、奶的比例为 1:1）中，搅拌均匀后倒入榨汁机中制成糊糊即可。

注意啦

一定要控制放入的大米饭的量，一点点就可以了，放多了做出来的就不是米糊，而是过年用来贴春联的浆糊了。

营养细分析

培根中磷、钾、钠的含量丰富，还含有脂肪、蛋白质等，再加上米饭和米糊中所含的大量碳水化合物，这样的"超级能量组合"早餐，让你一天都充满能量。

省时有妙招

米饭可以提前一天蒸好，炒制前将米饭放入微波炉中加热一下后再炒，就不会粘锅了。

前段时间，出于工作需要我跟团去了趟内蒙古，主要任务就是品尝当地的特色美食。给我印象最深的是当地的牛肉，味道好得不得了。

让我意外的是，当我们离开时，整个旅行团只有我和一位阿姨买了当地的鲜牛肉回去，更多的人选择的是牛肉干。经过了解，大家不是不认可这里的牛肉，而是不知道该如何把这种食材变成美食端上桌。

相比于其他肉类，口感筋道本就是牛肉令人称道的地方，没想到却也成了其让人诟病之处。其实，只要掌握好刀工和火候，烹饪牛肉是一件很简单的事情。可惜，这样的美味只能属于少数懂它的人。

因为懂得，所以慈悲；因为懂得，所以珍惜。我珍惜生活中的每一种食材，用心琢磨，希望它们以最美的味道呈现，不会暴殄天物。我珍惜生命中的每一个人，用心对待，希望他们也以真心对我，不会错失佳友。

妙手生花，巧做胡萝卜牛肉包

肉嫩汁多，
香味扑鼻，
入口唇齿留香。

/ 材料 /

鲜牛肉馅 200 克
（多数超市有售）
面粉 150 克
胡萝卜 100 克
鸡蛋 1 个
葱花 30 克
姜末 20 克
温水 适量
酵母 4 克

/ 调料 /

酱油 35 毫升
盐 适量
十三香 少许
花椒油 少许

/ 做法 /

1 将胡萝卜洗净，切碎备用。

2 在牛肉馅中加入少许水，然后拌上十三香、盐、酱油、花椒油，用筷子搅打上劲后磕入鸡蛋拌匀，最后倒入姜末、葱花、胡萝卜碎拌匀制成馅料备用。

3 在面粉中加入温水（面与水的比例为 2:1）、酵母，和成面团，放入盆中，加盖，静置发酵备用。

4 面团发酵好后分成大小适中的剂子，逐一擀好皮，然后包入之前制作好的馅料，做成包子，备用。

包包子可是技术活，捏褶是很考验功力的。要想包出造型好的包子，除了勤加练习别无他法。

5 蒸锅内加水，置于火上，上汽后放入包好的包子，大火蒸 15 分钟，关火后闷 5 分钟左右即可出锅。

陈小厨对你说

根据季节不同，面团的发酵时间也有所不同。

如果你不会捏褶，可以将包子皮的边缘完全用手指抓住，拎起来顺着同一个方向转几下，然后向下按一下亦可。

精心搭配，速制南瓜小米粥

南瓜小米粥的做法虽说简单，却也并非人人都能做好，单拿它的味道来说，不能说千人千味，也可以用不尽相同来形容，这个粥的关键点在于南瓜的量，掌握好窍门就不会过犹不及了。

/ 材料 /

南瓜 1 块
小米 适量

/ 做法 /

1 将南瓜去皮，切丁备用。

2 锅中加入适量水烧开，然后放入南瓜丁、小米（南瓜丁与水的比例为 1:2），熬成米粥即可。

注意啦

如果你不会给南瓜去皮，可以在蒸包子的时候放入一块南瓜蒸一下，待到南瓜皮变软了，想剥下它就易如反掌了。

营养细分析

胡萝卜中含有胡萝卜素，可清除人体内的自由基，延缓衰老，其对人体的滋补作用与人参相似，故有"小人参"的美誉。牛肉含有人体所必需的 8 种氨基酸，且这 8 种氨基酸比例均衡，因此，人食用牛肉后几乎能 100% 地将其吸收利用。牛肉和胡萝卜搭配堪称"黄金搭档"。

省时有妙招

包子可以头天晚上做好。如果想小米粥快一点熬熟，可以在前一天晚上把小米放在水中浸泡，南瓜也可以在煮制小米粥时放在微波炉中先高温加热一下再倒入锅中。

水芹猪肉包 + 紫米粥

妙手生花，巧做水芹猪肉包

包子软嫩多汁，紫米粥米香浓郁。

包包子技术好的朋友，可以在和面时添加点牛奶。

/ 材料 /

鲜猪肉馅 200 克
面粉 150 克
水芹 100 克
鸡蛋 1 个
葱花 30 克
姜末 20 克
温水 适量
酵母 4 克

/ 调料 /

盐 少许
十三香 少许

/ 做法 /

1 将水芹洗净，切碎备用。

2 在猪肉馅中加少许水，放入十三香、食盐，打上劲后加入鸡蛋液拌匀，最后放入葱花、姜末、水芹碎拌匀制成馅料备用。

3 在面粉中加入温水（面粉和温水的比例为 2:1）和酵母，和成面团，放入盆中，加盖，静置发酵备用。

4 面团发酵好后分成大小适中的剂子，逐一擀好皮，然后包入之前制作好的馅料，做成包子，备用。

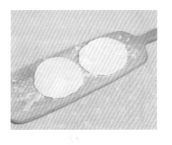

5 蒸锅内加水置于火上，上汽后放入包好的包子，大火蒸 15 分钟，关火后闷 5 分钟左右即可出锅。

精心搭配，速制紫米粥

/ 材料 / 紫米、大米各适量

/ 做法 / 取汤锅，加入适量水，然后放入紫米、大米（紫米与大米的比例为 1:2），熬成米粥即可。

不久前，公司旁边新开了一家包子铺，我们这儿出了名的吃货胖胖每天的早点都是包子。我很好奇，一连吃了十天的包子，是得有多好吃？有天早上，胖胖又带着包子来上班，我顺手拿了个猪肉蕨菜馅的包子吃，入口软糯，满口回香，味道确实不错。

似乎每家的包子都有自己的特点，例如杭州的小笼包，个头小，内料十足；蒸功夫的大肉包，吃起来有一种很充实的感觉。但是很多人因为怕胖等原因，是不敢吃这种鲜香满口的肉包子的。

其实，素食和营养、味美是可以兼得的。除了青菜外，也可以吃菌类、蛋类、五谷杂粮等，比如红豆粥就是补血的利器，再加上少许糯米，吃起来细腻软糯，又有谁会不喜欢呢？再加上一份素三鲜包，能保证一天充足的能量。

妙手生花，巧做素三鲜包

包子入口清香滑嫩，香而不油，鲜而不腻！

/ 材料 /

面粉 150 克
鲜香菇 100 克
水发黑木耳 100 克
鸡蛋 3 个
葱花 20 克
温水 适量
酵母 4 克

/ 调料 /

盐 适量
十三香 少许
花椒油 少许

1 将水发黑木耳洗净，切碎；先将 2 个鸡蛋搅打成蛋液，然后倒入热油锅中炒熟，再将炒熟的鸡蛋切成碎末备用。

2 锅中加水烧开，放入洗净的鲜香菇汆烫一下，然后捞出，切丁，再加入炒鸡蛋碎、十三香、花椒油、盐搅拌一下，接着打入剩下的一个鸡蛋拌匀，最后倒入黑木耳、葱花拌匀制成馅料备用。

3 在面粉中加入温水（面粉和温水的比例为 2:1）和酵母，和成面团，放入盆中，加盖，静置发酵备用。

4 面团发酵好后分成大小适中的剂子，逐一擀好皮，然后包入之前制作好的馅料，做成包子，备用。

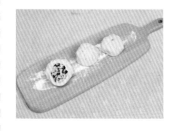

5 蒸锅内加水置于火上，上汽后放入包好的包子，大火蒸 15 分钟，关火闷 5 分钟左右即可出锅。

注意啦

◎ 包包子可是个手艺活，这里只能告诉你多做几次就有经验啦。实在包不好，捏成饺子形状也是可以的。总之，在造型上可以随心所欲，反正都是你自己吃。
◎ 水发黑木耳一定要清洗干净，去掉根部，以免杂质掺入，影响口感。

精心搭配，速制糯米红豆粥

光有主食没有汤粥的早餐总让人感觉少了点儿什么。素三鲜包如果能配上香糯可口的糯米红豆粥，能让你的一天都能量满满。

/ 材料 /

糯米 适量
红豆 适量

/ 做法 /

取一个锅，加入适量水烧开，然后放入糯米、红豆（糯米与红豆的比例为 1:2），熬成米粥即可。

注意啦

由于糯米不易煮至软烂，故在煮粥前一定要提前将糯米泡一天。

营养细分析

香菇和黑木耳均有降脂降压、提高免疫力、抑癌抗瘤、抗衰老、抗辐射的作用，是大家公认的健康食品。与它们比起来，大家对糯米的评价却是褒贬不一。尽管它富含营养，但不适宜作为主食，通常只能以糯米粥或糯米小食的形式出现在餐桌上。其实，糯米有"长寿米"之称，有滋补强壮、延年益寿、温胃止泻等作用。食用糯米唯一需要注意的就是糯米性黏滞，难于消化，一次不宜食用过多。

省时有妙招

如果嫌和面太麻烦，可以用面包机上的揉面功能来解决这个问题。

鲜虾菜心包
+
玉米面粥

妙手生花，巧做鲜虾菜心包

鲜虾包子鲜香满口，惹人垂涎三尺。如果包包子的手艺足够好，可以不把虾剁碎，而是直接把虾仁放在包子馅上，尾部留在包子口的外面，这样蒸好的成品会更漂亮。

/ 材料 /

面粉 150 克
鲜虾仁 100 克
鲜猪肉馅 100 克
青菜 100 克
葱花 30 克
姜末 20 克
鸡蛋 1 个
温水 适量
酵母 4 克

/ 调料 /

盐 适量
十三香 少许

/ 做法 /

1 将鲜虾仁洗净切丁；青菜洗净，切碎备用。

2 在猪肉馅中加入十三香、盐和少许水，搅打上劲后加入鸡蛋液拌匀，最后放入葱花、姜末、鲜虾仁丁、青菜碎拌匀制成馅料备用。

3 在面粉中加入温水（面粉和水的比例为 2:1）和酵母，和成面团，放入盆中，加盖，静置发酵备用。

4 面团发酵好后分成大小适中的剂子，逐一擀成皮，然后包入之前制作好的馅料，做成包子，备用。

5 蒸锅内加水置于火上，上汽后放入包好的包子，大火蒸 15 分钟，关火后闷 5 分钟左右即可。

精心搭配，速制玉米面粥

/ 材料 / 玉米面、大米各适量

/ 材料 / 取净汤锅，加入适量水，然后放入玉米面、大米（玉米面与大米的比例为 1:2），熬成米粥即可。

茴香鱼肉包 + 姜丝二米粥

茴香的味道并不是每个人都喜欢，我曾经对其深恶痛绝，总觉得叫它"茴臭"才是名副其实的。直到有一次，我去朋友家做客，"误食"了一种包子，才算是与茴香这种食材"冰释前嫌"。

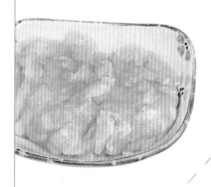

那是我至今吃过的味道最鲜的包子，根本尝不出里面放了青菜，一口咬下去，满口都是鲜香，我不禁问道："这是什么馅的啊？"当被告知是茴香馅时，我一度认为自己味觉失灵了，居然丝毫没有尝出其中的"茴香特有的臭味"。细问做法时才知道，朋友家使用茴香做包子时，去除了茴香的茎部，仅仅是用茴香的叶子，剁碎后味道就没那么大了。

有时候，你所讨厌的东西，换个处理方法可能就会变成你所喜爱的了。有时候，你所讨厌的人，换一种相处方式，可能会重新给彼此定位。

妙手生花，巧做茴香鱼肉包

鱼肉包鲜美多汁，回味无穷；姜丝粥姜香浓郁。

/ 材料 /

鲜鱼肉 200 克
面粉 150 克
鲜茴香 100 克
葱花 30 克
姜末 20 克
鸡蛋 1 个
温水 适量
酵母 4 克

/ 调料 /

盐 适量
十三香 少许

/ 做法 /

1 鲜茴香去茎留叶，洗净切碎，备用。

2 鲜鱼去骨，剁成蓉状，加入十三香、盐和少许水，搅打上劲后磕入鸡蛋拌匀，最后倒入葱花、姜末、茴香碎拌匀制成馅料备用。

鱼肉以无毛刺、容易剥下大块肉的鱼类为佳。

3 在面粉中加入温水（面粉和温水的比例为 2:1）和酵母，和成面团，放入盆中，加盖，静置发酵备用。

4 面团发酵好后分成大小适中的剂子，逐一擀好皮，然后包入之前制作好的馅料，做成包子，备用。

5 蒸锅内加水置于火上，上汽后放入包后的包子，大火蒸 15 分钟，关火闷 5 分钟左右 即可。

注意啦

鲜鱼肉中的鱼刺一定要处理干净，为了避免出现意外，最好用搅拌机将鱼肉搅拌成泥状，这样残留在鱼肉中的"漏网之鱼刺"也会被搅得粉身碎骨。姜最好选用新鲜多汁的嫩姜，这样姜味才浓郁。

精心搭配，速制姜丝二米粥

鱼肉性偏寒凉，所以在烹饪时我经常会加进去一些姜丝以中和鱼肉的寒凉之性。

/ 材料 /

小米 适量
大米 适量

/ 调料 /

姜 适量

/ 做法 /

1 姜去皮，切成细丝，或者用擦丝器擦成细丝。

2 取净汤锅，加入适量水烧开，然后放入小米、大米（小米与大米的比例为1:2），熬成米粥，出锅前加入姜丝再稍微熬制一会儿即可。

营养细分析

鱼肉含有丰富的镁元素，对心血管系统有很好的保护作用。此外，其含有的蛋白质是完全蛋白质，更有利于人体健康。茴香有促进消化液分泌、增加胃肠蠕动、排除积存气体的作用，所以常吃茴香有健胃、行气的功效。如果不是对茴香味道敏感的人，可以把茴香整棵剁碎。此外，我又搭配了健脾养胃的小米进来，可以和茴香一起构成"健胃双骄"，非常适合调养脾胃。

省时有妙招

在制作包子的过程中就把盛有水的蒸锅坐到火上，这样包子包完了，蒸锅正好上汽，就可以把包子直接放在锅中蒸了。

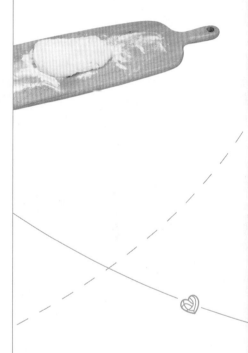

健康油条 + 皮蛋瘦肉粥

当我把这个"油条 + 皮蛋瘦肉粥"的套餐名提交给编辑时，当场就被否决了。她告诉我，这本书就是为了让大家结束外食，吃上健康餐的，我给的这道搭配，太不健康了。因为油条含铝，皮蛋含铅，这两种元素都对人体有害。

我看着她一脸严肃的样子，突然很想逗逗她。我说："不是吧，据我观察，国内早餐摊上的油条是供不应求呢，粥店里皮蛋瘦肉粥也是点击率蛮高的吧。你从来都不吃这些吗？"听了我的话，她笑了笑说："我这不是管不住自己的嘴嘛。"

是啊，有些东西我们明知道不健康，却总是经不住它们的诱惑。怎么办呢？唯一的办法就是我们用健康的做法把它做出来，然后安心享用美食。

妙手生花，巧做健康油条

油条酥香；
皮蛋瘦肉粥咸香软糯，
口感顺滑。

/ 材料 /

高筋面粉 500 克
鸡蛋 4 个
水 适量

/ 调料 /

色拉油 30 毫升
盐 10 克

/ 做法 /

1 把高筋面粉倒进盆中，加入鸡蛋液、盐及适量水，搅匀后加入色拉油，揉成面团，揉好的面团要比蒸馒头的面团软很多。将揉好的面团盖上锅盖或保鲜膜，醒发30 分钟后即可制作。

2 在面板上撒些干面粉，把醒好的面团取出置于面板上，擀成厚一些的面饼，然后扫去多余面粉，切成条状。

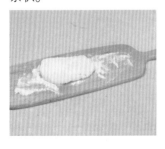

3 取两块切好的条状面，上下堆叠，用筷子在中间轻压一下。

4 将压制好的条状面轻轻抻长，顺着锅边放入热油锅中炸至金黄色，捞出控油即可。

注意啦

油条面坯一定要顺着锅边放入油锅中，千万不要直接丢在滚烫的油锅中央，那样容易溅起油滴造成烫伤，留下永久的伤疤。此外，炸油条剩下的油，沥掉油渣后还能烹饪其他菜肴。

精心搭配，速制皮蛋瘦肉粥

油条吃多了容易上火，喝点皮蛋瘦肉粥刚好可以缓解因贪嘴而导致的上火。两者可谓"黄金搭档"。

/ 材料 /

无铅皮蛋 1 个
猪瘦肉 1 小块
大米 适量
香葱 少许
香菜 少许
姜 少许

/ 调料 /

香油 少许
胡椒粉 少许
盐 少许

/ 做法 /

1 将皮蛋剥壳，切成小块；姜切丝；香葱切成葱花；香菜切末。

2 猪瘦肉加盐腌入味，放入蒸锅蒸 20 分钟取出，切成小块。

3 将大米洗净，放入锅中，加水煮开，转中火煮约30分钟。

4 粥中放入皮蛋块、猪肉块、姜丝及胡椒粉煮开，再继续煮几分钟即可熄火，加入香菜末、葱花，淋入少许香油即可出锅。

营养细分析

油条虽然是名副其实的高热量、高油脂的食物，却含有蛋白质、脂肪、碳水化合物、维生素及钙、磷、钾等营养物质。皮蛋中也含有较多的矿物质，并且因其性凉，故有清热止渴、滋阴润燥的功效，对于因吃油腻食物过多而引起的"上火"等症状具有很好的缓解作用。

省时有妙招

为了节省时间，可以提前一天把粥煮好，把原材料都切好放到碗中，第二天直接放入锅中熬煮即可。或是用高压锅熬制，也可以大大缩短熬制时间。如果家里有带预约功能的电饭锅，那就更方便了。

健康油条
＋
花样豆浆

妙手生花，巧做健康油条

油条的做法，前面已经介绍了，本小节的重点是教大家如何做出营养又美味的配餐。

精心搭配，速制花样豆浆

/ 材料 /　黄豆、红豆、黑豆各适量

/ 做法 /　将黄豆、红豆、黑豆提前一天用水泡开后，放入豆浆机中做成豆浆。

陈小厨对你说

◎味道棒：豆浆甘甜醇香，酥脆的油条浸入其中，立刻变得韧性十足，让你瞬间品尝到了两种截然相反的口感。

◎造型美：在制作油条面坯时，也可以拉成其他形状，这样就可以炸出多种造型的油条。当然，如果拉成的是圆形，那就只能做油饼了。

营养细分析

黄豆中最有价值的两种营养成分，一个是大豆卵磷脂，另一个是大豆异黄酮。大豆卵磷脂能够延缓人体衰老，有效降低血脂和胆固醇，使大脑思维敏捷，提高工作效率等。被称为"植物雌激素"的大豆异黄酮，则可以双向调节人体内的雌激素水平，对职业女性因长期熬夜造成的激素失调和女性更年期综合征有一定缓解作用。

省时有妙招

如果不愿意去购买各种豆类，可以直接在超市或网上购买花样豆浆原料包，一个小包里有很多种类的杂粮，已经配比好。每天拿出一小袋打开泡在碗里，第二天直接倒在豆浆机中即可做出各种口味的豆浆。

鲜肉小馄饨 + 蔬菜鸡蛋饼

曾经很长一段时间，我是排斥早餐吃馄饨的。因为不喜欢吃冻馄饨，所以早餐如果要吃馄饨，我就必须牺牲掉在一缕晨光中缓缓睁开眼睛的时刻，提早起来，和面、擀皮、做肉馅，再将这些肉馅一点点包进馄饨皮中。这样一整天下来，我都会处在"馄饨（混沌）状态"。以前，我不是很喜欢这种状态，我喜欢每天都能有效率地度过，那才是积极向上、高质量的生命历程。

随着年龄的增长，我逐渐感觉到，有时候生活混沌些也不一定是坏事。鲁迅先生在《两地书·致许广平一二六》中曾说过："但我也不来做教员，也不想说明别的原因之所在。于是就在混沌中完结了。"太清醒的人生痛苦和欢乐都是整齐划一的，痛苦时就只能感到痛彻心扉，欢乐时也可能乐极生悲。人生在混沌中完结反倒是一桩好事。

妙手生花，巧做鲜肉小馄饨

馄饨入口滑嫩鲜美，真是让人回味无穷啊！

/ 材料 /

肉馅 200 克
鲜香菇 5 个
葱花 50 克
鸡蛋 1 个
姜末 30 克
馄饨皮 适量
（多数超市有售）
香菜 适量

/ 调料 /

生抽 10 毫升
盐 3 克
香油 适量
虾皮 适量
紫菜 适量

/ 做法 /

1 在肉馅中放入生抽、鸡蛋液、盐、葱花、姜末，顺着一个方向搅拌，直至肉馅上劲。

2 将鲜香菇过水氽烫后捞出挤干水，切丁，拌入肉馅中。

3 取一片馄饨皮，在上面放少许馅，向上卷起，卷两次，然后双手大拇指及食指按住同侧的两边，用力捏紧。最后将两角重叠按压，一个颇有棱角的馄饨就包好了。用此法逐一将馄饨包好备用。

4 在锅中倒入适量水，大火烧开，放入馄饨，等到再次开锅时转中火，煮至馅熟。

5 取一个碗，放入香油、虾皮、紫菜、香菜，然后连汤带煮好的馄饨一起倒入碗中即可。

一定要先放紫菜，后倒入馄饨，这样味道更鲜。

精心搭配，速制蔬菜鸡蛋饼

白里透着红的小馄饨，配上金黄色的鸡蛋饼和绿色的蔬菜，让五彩斑斓的早餐开启你一天的五彩生活。

/ 材料 /

面粉 200 克
鸡蛋 2 个
菠菜 适量

/ 调料 /

盐 适量

/ 做法 /

1 将菠菜洗净，氽烫后切碎。

2 鸡蛋打散，加入面粉混合，搅拌至无颗粒状，再加入菠菜碎和盐搅拌均匀。

3 平底锅置于火上烧热，倒入少许油，加热后调到小火，倒入调制好的面糊，摊平，小火慢煎（最好边煎边转动锅，以免煎煳了）；煎好一面后翻面，将两面都煎熟即可。

注意啦

菠菜中含有大量的草酸，草酸遇到钙会形成不能被消化吸收的草酸钙。因为人体每天都会摄入钙，故在食用菠菜前应先放到沸水中氽烫一下，以去除其中的草酸。

营养细分析

无论是在饭店里吃馄饨还是在自己家煮馄饨，人们都喜欢往其中加几滴香油，这可不仅仅是为了增加香味，还有一些你想不到的神奇作用呢。香油中富含的维生素 E 具有优异的抗氧化作用，可以保肝护心，延缓衰老。此外，香油对慢性咽喉炎也有良好的康复作用，并能加强声带弹性，使声门张合灵活，是培训师、教师等用嗓较多人群的益友。

省时有妙招

馄饨可以提前一天包好，放在冰箱冷冻起来。蔬菜可以是你家里现有的任何种类，不必非得拘泥于菠菜，比如胡萝卜、黄瓜等也是可以的。

馄饨，大概是所有面食中叫法最多也最混乱的一个。你要是在东北开一间早餐馆，菜单上写"云吞"的话，估计一天也卖不出去一碗。人们不会把以秒计算的晨间时光浪费在一个不熟悉的东西上面。

虽然所熟悉的馄饨只是改了个名字叫"云吞"，但这种陌生感却有着巨大的分隔力量，足以让你和曾经无比熟悉的事物在心灵上产生天堑般的感觉。比如，曾经形影不离的两个人，因为求学、工作地点的变化，也可能从当初的无话不谈，变为如今的无话可说。再比如，当初心心相印、山盟海誓的两个人，如果彼此间不再有那些亲密的称呼，就会变成对方心中陌生的符号。

65

妙手生花，巧做鲜虾青豆小馄饨

鲜美无比。

入口脆爽，

/ 材料 /

鲜虾 200 克
鲜青豆 100 克
鸡蛋 1 个
姜末 30 克
葱花 20 克
馄饨皮 适量

/ 调料 /

生抽 5 毫升
盐 3 克
白胡椒粉 2 克
香油 适量
虾皮 适量
香菜 适量
紫菜 适量

/ 做法 /

1 鲜虾洗净，去皮，去沙线，剁碎。

2 虾肉馅中放入鸡蛋液、白胡椒粉、盐、葱花、姜末，用筷子顺着一个方向用力搅拌，直至虾肉馅上劲即可。

3 鲜青豆汆水后沥干水，拌入虾肉馅里。

4 取一片馄饨皮，在上面放少许馅，然后对折，将下面两个角重叠压住，捏紧，一个馄饨就包好了。用此法将所有馄饨包好备用。

5 在锅中倒入适量水，大火烧开，然后放入馄饨，等到再次开锅后转中火，煮至馅熟。

6 取一只碗，放入香油、虾皮、紫菜、香菜、生抽，然后连汤带煮好的馄饨一起倒入即可。

注意啦

尽量避免选择冰冻的虾仁。一方面，冰冻的虾仁很大一部分分量都是冰，解冻后，原来看上去很大的虾仁会变得很小，虽然买的时候价格便宜，但仔细算来并不划算。另一方面，冰冻的虾仁可能是用不新鲜的虾制成的，其口感会差很多。我一般习惯在早晨或上午的时候去买虾，因为海鲜类都是早上进货的，所以这个时候买到的虾，相对来说比较新鲜。

精心搭配，速制鸡蛋饼蔬菜卷

有虾、有豆的馄饨，配上有菜、有蛋的蔬菜饼，营养均衡，颜色又漂亮，一定会让你大快朵颐！

/ 材料 /

面粉 200 克
鸡蛋 3 个
胡萝卜 适量
西葫芦 适量

/ 调料 /

盐 适量

/ 做法 /

1 将胡萝卜、西葫芦洗净后分别去皮，擦成细丝。

2 将鸡蛋打入胡萝卜丝、西葫芦丝中，加面粉混合搅拌至无颗粒状，最后加入盐，搅拌均匀。

3 平底锅烧热，倒入少许油，加热后调到小火，然后倒入调制好的面糊，摊平，小火慢煎（最好边煎边转动锅，以免煎煳了），煎好一面后翻面，将另一面也煎熟。

4 将煎好的蛋饼卷成卷，切成小段即可。

营养细分析

西葫芦以皮薄、肉厚、汁多、可荤可素、可做菜可入馅而深受人们喜爱。除了可以调节人体代谢，具有减肥作用之外，西葫芦还含有一种干扰素的诱生剂，可刺激机体产生干扰素，提高免疫力，发挥抗病毒和抗癌的作用。鸡蛋含有丰富的蛋白质、卵磷脂和微量元素，西葫芦与鸡蛋搭配营养更丰富，尤其适合老年人和幼儿食用。

省时有妙招

馄饨可以提前一天包好，放在冰箱里冷冻起来。可以在煎好的蛋饼上放入黄瓜条、沙拉酱等，直接卷起来食用，风味会更佳。

鸡汤馄饨面

妙手生花，巧做鸡汤馄饨面

馄饨面是属于粤菜系的著名小吃，因"馄饨"二字在粤语中发音为"云吞"，所以馄饨面也常写作云吞面。

/ 材料 /

细面条 200 克
鸡肉 200 克
馄饨 10 个
青菜 适量

/ 调料 /

胡椒粉 4 克
盐 适量
香油 适量

/ 做法 /

1 青菜洗净，切末；鸡肉切片，备用。

2 炒锅烧热，倒入适量油加热，倒入鸡肉片，中火翻炒，然后加盐、胡椒粉调味，待鸡肉片炒熟盛出备用。

3 锅内倒入适量鸡汤，烧沸后放入细面条和提前包好的馄饨，大火烧开后转小火煮熟，然后加入青菜末，再放入香油、胡椒粉调味，盛入碗中，放入炒好的鸡肉即可。

注意啦

要想最大程度还原这道经典小吃的独特风味，鸡汤最好用当天熬制的。

营养细分析

中医学认为，公鸡肉性属阳，善补阳虚；母鸡肉性属阴，善补阴虚，有益于老人、产妇及久病体虚者。此外，鸡的颜色不同，功效亦有所不同，红毛鸡入心走血，能通神解毒；白毛鸡入肺走气，安五脏而调气止咳；黄毛鸡入脾益气；黑毛鸡入肾，安胎补虚。不过，无论何种鸡肉，都含有丰富的蛋白质、脂肪和矿物质，与富含维生素的青菜搭配，营养充足。

馄饨乌冬面

妙手生花，巧做馄饨乌冬面

这道面在传统的馄饨面的做法上加上大米做的乌冬面，既有米的清香，又有面的爽滑，给了那些喜食米，不是很爱吃面食的人一个享受美味面条的机会。

/ 材料 /

乌冬面条 1 袋
（约 200 克）
鸡肉 200 克
虾仁 100 克
馄饨 10 个
青菜 适量

/ 调料 /

生抽 5 毫升
胡椒粉 4 克
盐 适量
香油 适量

/ 做法 /

1 青菜洗净，切末；鸡肉切片，备用。

2 炒锅烧热，倒入适量油加热，倒入鸡肉片，中火翻炒，加盐、胡椒粉调味，熟透后盛出备用。

3 锅内倒入适量清水，水开后放入馄饨、乌冬面，待煮至再煮七分熟时加入虾仁，继续煮至食材熟透，加盐、生抽、香油、胡椒粉调味。

4 放入青菜末，关火，盛入碗中，放入炒好的鸡肉即可。

注意啦

这是一道"混血"美食，不但配料可以根据自己的口味调整，造型也可以多变。既可以把面放在中间，馄饨放在周围；也可以把馄饨放在中间，面围绕在四周。

营养细分析

葱可刺激人体消化液的分泌，健脾开胃，增进食欲，与鸡肉、虾仁搭配，既能荤素同补，又可以加强胃肠消化功能，避免积食上火。搭配乌冬面这种以反式脂肪酸为零并且含有很多高质量碳水化合物而著称的面食，又多了一分健康与时尚。

省时有妙招

可以在闲暇之时熬制一小盆肉末鸡汤，冻在冰格里，每次吃面的时候拿出来一块，放在锅里与面条同煮即可。

扬州炒饭
+
番茄蛋花汤

妙手生花，巧做扬州炒饭

原料丰富的扬州炒饭可谓是营养的盛宴，蛋白质、碳水化合物、维生素、矿物质样样齐全。番茄蛋花汤鲜美酸爽，非常适合久坐的上班族哦！

/ 材料 /

米饭 300 克
虾仁 100 克
生菜 50 克
胡萝卜 50 克
火腿肠 30 克
鸡蛋 1 个

/ 调料 /

白胡椒粉 2 克
盐 2 克

/ 做法 /

1 将鸡蛋磕入米饭中，搅拌均匀备用。

2 虾仁切丁；生菜、胡萝卜、火腿肠分别切丝。

3 炒锅置火上烧热，倒入少许色拉油，加入虾仁丁，大火翻炒后盛出备用。

4 锅内留少许底油，倒入米饭蛋液，大火翻炒，待米饭炒干后放入切好的胡萝卜丝、火腿丝、生菜丝和炒过的虾仁丁，翻炒至熟后加盐、白胡椒粉翻炒均匀即可。

精心搭配，速制番茄蛋花汤

/ 材料 / 鸡蛋 2 个，番茄 1 个　/ 调料 /　盐少许，香油 1 小匙

/ 做法 / 1.将番茄洗净，切片；鸡蛋打成蛋液。

2.另取汤锅，放入 1 碗水并加入少许盐，大火煮开，放入切好的番茄片煮一会儿，最后倒入打散的鸡蛋液制成蛋花汤，等再次开锅后滴入少许香油即可出锅。

什锦炒饭 + 紫菜蛋花汤

妙手生花，巧做什锦炒饭

米饭入口香糯，粒粒都裹着蛋香，再配上一碗紫菜鲜汤，美味带来一天的好心情。

/ 材料 /

米饭 200 克
黄瓜 50 克
火腿肠 30 克
胡萝卜 30 克
鸡蛋 1 个

/ 调料 /

盐 2 克

/ 做法 /

1 火腿肠、胡萝卜、黄瓜分别切小丁；鸡蛋打散备用。

2 炒锅烧热放油，再烧热，倒入蛋液炒成碎丁，盛出。

3 炒锅烧热，倒入适量

的油加热后，倒入胡萝卜丁翻炒出油，然后加入米饭翻炒，再撒入盐调味，接着翻炒至米饭炒散。

4 最后加入炒好的鸡蛋碎、火腿丁和黄瓜丁，翻炒均匀即可。

精心搭配，速制紫菜蛋花汤

/ 材料 / 鸡蛋 1 个，紫菜少许
/ 调料 / 盐少许，白胡椒粉少许，香油少许
/ 做法 / 锅里倒入 1 碗水，加少许盐、白胡椒粉，大火烧开后放入紫菜和打散的鸡蛋液，等再次开锅后滴入少许香油即可。如果喜食香菜，也可以加点香菜碎。

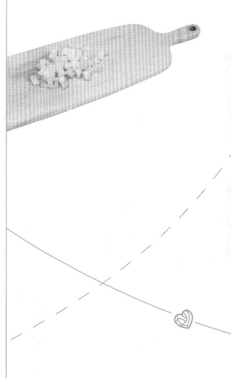

菠萝炒饭 + 蜂蜜番茄汁

　　第一次吃菠萝饭是在泰国芭堤雅的一家小馆，浓郁的菠萝味肆意冲进口中的每个角落，让你整个人都为之一振。回来之后，我便尝试着做给家人吃，谁知他们却对咖喱的味道"退避三舍"，独留我一人"收拾残局"。直至我改良了配料，弃咖喱不用，家人才算勉强接受了这道菜。

　　在他们看来，身为水果的菠萝入菜就是"不务正业"，它就应该安静地做个美味的水果。可是，只有这菠萝自己知道，它可以活出另一番景象。它不但可以入菜，还能代替盛菜的盘子。这一切都是从它放弃单纯做水果的那一刻开始的。有时候，要想开启崭新的人生，就必须和舒适区说再见。

妙手生花，巧做菠萝炒饭

酸甜可口，清香浓郁。

/ 做法 /

1 将菠萝对半切开，挖出果肉，切成1厘米见方的小块，用淡盐水浸泡。

2 豌豆粒、玉米粒汆烫后捞出，备用；鸡蛋加2勺清水，打成蛋液。

3 炒锅中加油，烧至六成热，倒入鸡蛋液炒成鸡蛋碎，盛出备用。

4 锅中加油烧热，然后放入豌豆粒、玉米粒翻炒片刻，加入盐、米饭一起翻炒均匀。

5 再将菠萝丁放入锅中，翻炒至菠萝丁和米饭充分融合，加入鸡蛋碎翻炒片刻，最后加入腰果翻炒几下，即可出锅。

注意啦

菠萝在炒制之前应在盐水里浸泡半小时左右，以去除涩味和过敏性物质，使菠萝口感更好。菠萝不要太早入锅，否则容易炒得软塌塌的，口感不好，而且味道还会发酸。此外，在购买菠萝时，一定要尽量购买成熟高的菠萝，这样做出来才好吃。

/ 材料 /

菠萝1个
米饭200克
鸡蛋2个
腰果30克
玉米粒30克
豌豆粒20克

/ 调料 /

盐3克

精心搭配，速制蜂蜜番茄汁

公司里的臭美妞巧巧最喜欢喝番茄汁，目的很简单——美容、减肥。番茄汁听起来非常简单，但巧巧每次做都状况百出，不是太酸，就是太稠，再不然就是太稀。于是乎她用一块牛排跟我换取了番茄汁的制作秘方，现在我把它教给大家。

/ 材料 /

番茄 1 个

/ 调料 /

蜂蜜 适量

/ 做法 /

将番茄洗净，放入热水中烫一下，撕掉外皮，然后切成小块，放入榨汁机中粉碎，最后加入少许蜂蜜即可饮用。如果不喜欢喝稠的，可以加入三分之一的纯净水，注意一定要加纯净水，水的味道会影响番茄汁的味道。

营养细分析

菠萝中含有菠萝蛋白酶，能帮助分解食物中的蛋白质，有利于人体吸收，所以吃完肉类食物后，可以吃些菠萝帮助消化。另外，菠萝蛋白酶还可以抑制发炎，所以当感觉到咽部肿痛时，可以吃些菠萝来缓解症状。此外，菠萝还含有丰富的 B 族维生素，能有效地滋养肌肤、防止皮肤干裂，滋润头发，消除身体的紧张感和增强机体的免疫力。菠萝鸡蛋炒饭中菠萝所含的维生素 C 与鸡蛋中的蛋白质结合，可促进胶原蛋白合成，美白肌肤，消除疲劳，简直就是为职场人士量身定制的美味！

省时有妙招

蛋液里加适量的盐，炒出来的蛋更有味道。蛋液里加清水，炒出来的蛋不但口感嫩滑，出蛋量也更多。

干巴菌火腿炒饭

+

果粒酸奶

妙手生花，巧做干巴菌火腿炒饭

黑黑的干巴菌加上白胖胖的米饭、粉红色的火腿，令这道黑白分明的菜品看起来温情满满。云南特产干巴菌让炒饭散发出难以名状的鲜香。

/ 材料 /

米饭 300 克
火腿丁 50 克
干巴菌 50 克
青椒 30 克
大蒜 10 克
小米辣 2 个

/ 调料 /

盐 3 克
香油 适量

/ 做法 /

1 青椒、小米辣分别洗净，切丁；大蒜切片。

2 干巴菌洗净，撕成丝。炒锅中加香油烧热，然后放入干巴菌炒出香味，加入少许盐调味，起锅备用。

3 炒锅内放入少许油，烧热后下入小米辣丁、大蒜片、青椒丁炒香。

4 锅中撒入少许盐，再放入干巴菌丝、火腿丁翻炒几下，接着加入白米饭炒热，最后加盐调味即可出锅。

精心搭配，速制果粒酸奶

/ 材料 / 酸奶 1 盒，水果若干

/ 做法 / 将水果去皮洗净，切小块，撒入酸奶中即可。提示：超市购买的果粒酸奶有的是用水果罐头制成的，不仅口感不好，而且营养价值也会大打折扣。自制的果粒酸奶相比较来说就营养、放心多了，且作法并不复杂。

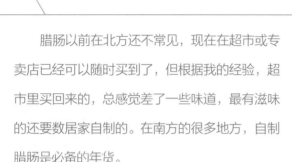

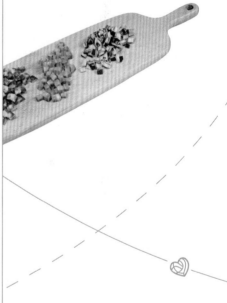

腊味酱油炒饭 + 胡萝卜汁

腊肠以前在北方还不常见，现在在超市或专卖店已经可以随时买到了，但根据我的经验，超市里买回来的，总感觉差了一些味道，最有滋味的还要数居家自制的。在南方的很多地方，自制腊肠是必备的年货。

制作腊肠是将灌扎好的肉肠挂在通风处，风干半个月左右。有的人家甚至将肉肠直接挂在火炉的上方熏干，这就是所谓的烟熏腊肠。在这半个月里，你必须耐心地等待，任何试图让其快速变干的方法都会影响腊肠的口感。如果迫不及待地拿到阳光下暴晒，制作出来的腊肠就会有一种令人作呕的怪味。

只有那些经历足够的风吹、气鼓鼓的肉身逐渐紧实、颜色随之慢慢变深的腊肠才是最有味道的。有些东西，必须经过岁月的沉淀，其魅力之处才得以显现；有些人，必须经历时光的交叠，才可以真正了解。

妙手生花，巧做腊味酱油炒饭

酱香味浓郁，米饭香糯。还可以将炒好的米饭放到生菜叶上，做成包饭。

/ 材料 /

米饭 200 克
腊肠 100 克
洋葱 50 克
胡萝卜 50 克

/ 调料 /

白糖 3 克
酱油 适量

/ 做法 /

1 腊肠、胡萝卜和洋葱分别切丁。

2 把白糖和酱油放入小碗中，搅拌均匀（此举是为了方便，也可以在炒饭的时候把调料分别加入）。

3 锅置于火上预热，倒入适量油烧热，倒入洋葱丁、胡萝卜丁、腊肠丁，大火炒香。

4 倒入米饭翻炒片刻，然后加入调好的料汁，再次翻炒片刻就可以出锅了。

精心搭配，速制胡萝卜汁

/ 材料 / 胡萝卜 1 根，牛奶 1 袋

/ 做法 / 1. 胡萝卜洗净，切成小薄片，蒸熟。

2. 将蒸好的胡萝卜片和牛奶放入榨汁机中粉碎即可饮用。胡萝卜和牛奶的用量比例可以根据自己的喜好调整。

第四章　新鲜『小锅饭』，勾起你的食欲

随着互联网行业的发展，各类送餐APP如雨后春笋般出现，一些不愿开火的人自以为找到了终南捷径，一日三餐全都叫外卖。殊不知，雨后不光有春笋，也会有毒蘑菇。那些看起来让人胃口大开的外卖，因为种种因素很可能就像美丽的毒蘑菇一样不安全。为了生命健康，还是自己动手丰衣足食吧，陈小厨为你推荐的这些『小锅饭』，不仅健康美味，而且每次只需要刷一个碗就够了！

鲜椰子花蛤拌饭
+
蒜蓉菠菜

妙手生花，巧做鲜椰子花蛤拌饭

椰香浓郁，甜润可口，鲜香扑鼻，蒜香隐隐。颜色丰富鲜艳的各种主材交织在一起，像是雨后的彩虹，带给人无限遐想。

/ 材料 /

花蛤 300 克
椰汁 150 克
洋葱 50 克
蒜 10 克
米饭 适量

/ 调料 /

干白葡萄酒 70 毫升
香叶 2 片
盐 2 克

/ 做法 /

1 将花蛤洗净泥沙后放入清水，加少许盐，浸泡 3 小时让花蛤吐出泥沙。

2 捞出花蛤，洗净，沥水；洋葱切丁；蒜剁成末。

3 炒锅置于火上，倒入适量油烧热，加入洋葱丁、蒜末炒香后，再加入香叶略炒，接着放入花蛤翻炒一下。

4 将未开壳的花蛤捡出弃去，倒入干白葡萄酒略煮，加入椰汁、盐，小火慢炖 5 分钟即可出锅，与米饭拌食。

精心搭配，速制蒜蓉菠菜

/ 材料 / 菠菜 1 小把，蒜、辣椒各适量

/ 调料 / 盐、鸡精、花椒油各适量

/ 做法 / 1.将菠菜放入沸水锅中氽烫 1 分钟，捞出，备用。蒜剁成泥状，辣椒切碎。把蒜泥和辣椒碎放入一个大碗里，搅拌均匀，备用。

2.炒锅放油烧至七成热，浇在盛有蒜泥、辣椒碎的碗里，再加入少许盐、鸡精、花椒油调成味汁，最后把调好的味汁淋在菠菜上，搅拌均匀即可。

素什锦原味拌饭 + 清炒西蓝花

很多人中午吃快餐不知道吃什么的时候，都喜欢点上一份什锦饭。在家里，人们不知道该做什么菜时，也喜欢做个饭菜合一的什锦饭。所以，什锦饭有时候看上去就像是把家里所有剩余的材料都扔进了米饭里，你可以说它五颜六色、营养丰富，也可以说它造型凌乱、毫无美感，但在你不知道吃什么好的时候，它能让你不费多少心思就填饱肚子却是真的。

因为不费心思，所以你总是会忽略它的存在。就像某些在角落里默默守护你的人，也许只有在茫然不知所措时，你才会想起还有这样的一个人存在。当你每天苦苦追寻着饕餮大餐时，什锦饭总是静静地等在那里，等你身心俱疲时，一回头，就能吃上这样一口热乎饭。这样的温暖是简单而又奢侈的。

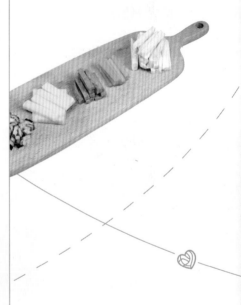

妙手生花，巧做素什锦原味拌饭

咸香浓郁，令人胃口大开。

/ 材料 /

杏鲍菇 100 克
土豆 100 克
胡萝卜 80 克
芹菜 50 克
洋葱 50 克
蒜片 20 克
姜片 10 克
白米饭 适量

/ 调料 /

黄油 30 克
黑胡椒粉 10 克
蚝油 10 克
盐 5 克
生抽 3 毫升

/ 做法 /

1 洋葱切丁；杏鲍菇、土豆、胡萝卜、芹菜分别切条。

2 炒锅置于火上烧热，放入黄油化开，下洋葱丁、蒜片、姜片炒香，再加入土豆条、胡萝卜条、杏鲍菇条煸炒，炒熟后加入盐、生抽、蚝油、黑胡椒粉，翻炒均匀。如果菜比较干，可以稍微加些开水。

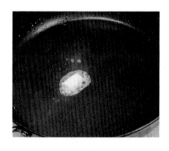

3 最后加入芹菜条，翻炒至熟后出锅与米饭拌匀即可。

注意啦

胡萝卜先用油炒一下，有助于促进人体对胡萝卜素的吸收；菠菜事先焯烫，可以去掉大部分草酸。

陈小厨对你说

各种颜色的食材盛装在一起，五彩缤纷，瞬间给你带来好心情。

精心搭配，速制清炒西蓝花

西蓝花是一种特别不易入味的食材，但也正是因为它的这种特性，可以让我们品尝到真正的"蔬之鲜"。

/ 材料 /

西蓝花 250 克
葱 适量
蒜 适量

/ 调料 /

橄榄油 适量
鸡精 适量
盐 适量

/ 做法 /

1 西蓝花洗净，掰小朵，放入开水锅中氽烫，捞出沥干，备用。

2 葱洗净切末；蒜剥皮，洗净切末，备用。

3 炒锅中倒入适量橄榄油烧热，先下入葱末、蒜末爆香，再下入西蓝花快炒几下，加鸡精、盐调味即可。

注意啦

西蓝花不宜长时间烹煮，所以在烹调时速度要快，这样不但保存了较多的营养素，而且也能保持其松脆的口感。

营养细分析

西蓝花原产于欧洲地中海沿岸，是美国《时代》杂志推荐的十大健康食品之一。西蓝花所含的维生素 C 具有较强的抗氧化功能，能增强机体对外界环境的应激能力，增强机体免疫力，提高人体对疾病的抵抗能力，同时维生素 C 还可降低有毒物质的毒性。而它所含的维生素 A 能使皮肤保持弹性，并且能使皮肤具有抗损伤能力，延缓皮肤衰老，有较强的美容作用，还可保护视力，故非常适合既看重自身颜值又不得不加班的职场男女！

不过光吃西蓝花可没法满足你一天所需要的营养，所以我又加入了一些蔬菜和菌菇中最有"肉质感"的杏鲍菇，不但丰富了营养搭配，而且让素什锦吃起来更有肉的味道。

省时有妙招

可以把土豆、杏鲍菇提前用平底锅煎一下，味道会更好。

浓汁杏鲍菇拌饭 + 素生菜

妙手生花，巧做浓汁杏鲍菇拌饭

用鲍汁烹调过的杏鲍菇颜色金灿灿的，再与翠绿的生菜搭配，有了一种阳光普照、生机勃勃的既视感。

/ 材料 /

杏鲍菇 200 克
青椒 50 克
红椒 50 克
蒜 20 克
米饭 适量

/ 调料 /

鲍鱼汁 100 克
蚝油 30 克
白糖 5 克
水淀粉 适量

/ 做法 /

1 杏鲍菇切厚片；蒜切片；青椒、红椒分别切丝，备用。

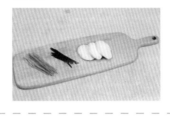

2 锅内加油烧热，先放入蒜片爆香后，再加入杏鲍菇片翻炒均匀，接着加入鲍鱼汁、蚝油、白糖及少许开水继续炒制。

3 炒至将熟时加入青红椒丝翻炒一下，最后倒入水淀粉收汁即可出锅，与米饭拌食。

精心搭配，速制素生菜

/ 材料 / 生菜 250 克　　/ 调料 / 盐、橄榄油各少许

/ 做法 / 1. 生菜择洗干净，用手撕成大小适当的块或条。

2. 锅中加水烧开，放入生菜，略氽烫后捞出，冲凉。

3. 略加盐和橄榄油拌一下。如果喜食清淡，也可将生菜略烫后不加任何调料，直接搭配浓汁杏鲍菇拌饭食用。

乡巴佬卤蛋原味拌饭 + 清爽小油菜

乡巴佬卤蛋是很多便当盒饭的标配之一，而且一份饭里通常只给放半个蛋，这个便当界的"潜规则"从我上中学的时候就有了。那时候贪玩，经常把母亲给的午饭钱贡献给游戏厅，最后只能默默地在座位上啃白馒头，味如嚼蜡。幸运的是，同桌总会把盒饭里那半只黑黑的卤蛋丢给我，她说自己是处女座，有洁癖，不吃黑色的东西。

当时未曾多想，只是风卷残云般赶紧让那半颗卤蛋下肚，以慰藉我咕咕作响的肚子。多年后的一天，我无意中翻起中学时的毕业纪念册，才发现她的生日是3月份，离处女座差了大半年。如今我可以肆意吃卤蛋了，甚至我可以做出比市售的更好吃的卤蛋，但我还是喜欢把一颗卤蛋切开再吃，藏在里面的是她的笑靥如花和我的青葱岁月。

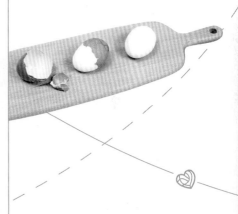

妙手生花，巧做乡巴佬卤蛋原味拌饭

酱香浓郁，柔韧筋道。

/ 材料 /

鸡蛋 20 个
姜片 100 克
米饭 1 碗

/ 调料 /

啤酒 1 瓶
桂皮 30 克
老抽 30 克
生抽 30 克
香叶 5 克
大料 3 个
盐 适量
冰糖 适量

/ 做法 /

1 鸡蛋洗净，煮熟去壳。

2 锅里加水，放入冰糖小火熬制糖色。

3 冰糖全部溶化后先加入姜片、桂皮、香叶、大料拌匀，再加入少许盐、老抽、生抽和 1/5 瓶啤酒（剩余的啤酒稍后用）熬煮，料汁熬好后倒入不锈钢盆中。

4 将煮熟去壳的鸡蛋放入料汁中，加入剩下的啤酒，大火煮开，转小火炖 10 分钟，关火。

5 将鸡蛋在卤汁里泡一天（天热时需放冰箱冷藏），第二天再用大火煮几分钟，继续泡一天后即可与米饭拌食。

要想快些入味，可以用筷子在鸡蛋上扎两个洞。

注意啦

◎ 每次煮鸡蛋的时候都不要煮太长时间，主要还是靠泡来让鸡蛋入味。

◎ 冰糖可以和胃、健脾、润肺止咳，所以烹制这道菜时最好用冰糖，不要用白糖或是红糖。

精心搭配，速制清爽小油菜

油菜这种"油盐不进"的蔬菜，只有在橄榄油的陪伴下，才能以最美的味道呈现。

/ 材料 /

油菜 250 克
蒜 3 瓣

/ 调料 /

盐 适量
白糖 适量
橄榄油 适量

/ 做法 /

1 油菜去掉老叶，洗净，备用。

2 蒜去皮，切片，备用。

3 锅烧热，倒入适量橄榄油烧热，先放入蒜片爆香，随后放入油菜速炒，出锅时用盐、白糖调味即可。可直接食用，也可以搭配卤肉饭和面条。

注意啦

油菜含有丰富的维生素C，故在烧煮时时间要尽可能短，并盖紧锅盖，以减少高温和空气中的氧气对维生素C的破坏。此外，油菜尽量不要切开，以免在烹饪时损失更多的营养。

营养细分析

鸡蛋具有润燥、增强免疫力的作用，是一种营养成分比较全面的食材。这种"全营养型"食物是终日面对电脑、加班加到过劳的上班族的补益佳品。

不过，卤制鸡蛋吃多了，可能会不好消化，所以我加了油菜，油菜中膳食纤维含量较为丰富，可以帮助消化，让你放心吃卤蛋。

省时有妙招

卤蛋加工一次不容易，可尽量多卤几个。卤蛋好吃但不宜多吃，每天吃一到两个就好。

香煎鸡蛋拌饭 + 生拌苦菊

妙手生花，巧做香煎鸡蛋拌饭

香煎鸡蛋外焦里嫩，香酥可口，再配上清热去火的苦菊，不但营养全面，而且很下饭！

/ 材料 /

鸡蛋 2 个
米饭 1 碗

/ 调料 /

美极鲜酱油 3 克
盐 2 克

/ 做法 /

1 鸡蛋磕入碗中，加少许清水打散，随后放入平底锅中煎熟。

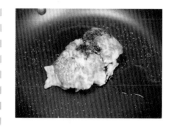

3 将煎好的鸡蛋连烧汁一起倒在米饭上即可。

2 在煎熟的鸡蛋上倒入美极鲜酱油和盐，小火略煎。

注意啦！

煎鸡蛋时一定要用小火，否则很容易上演中间还没熟，边上已经糊了的惨剧。

精心搭配，速制生拌苦菊

/ 材料 /　苦菊 1 小棵　　/ 调料 /　橄榄油 1 小匙，盐少许

/ 做法 /

1. 苦菊择洗干净，控干水。

2. 将苦菊放入盆中，加盐、橄榄油调味。

3. 将拌好的苦菊放入小锅中，与香煎鸡蛋一起拌饭食用。

注意啦！

如果家里没有橄榄油，也可以用熟色拉油或是香油来代替。

妈妈红烧肉原汁拌饭 + 红椒西芹

忙碌总是让人感觉时间飞逝，肚子唱起"空城记"了，于是拿起订餐电话，叫了份红烧肉盖饭。看到色红汁浓的红烧肉，口水仿佛狂奔直下。原因倒不是外卖有多么好吃，而是想起了小时候妈妈做的红烧肉，也不知道为什么，出门在外这么多年，妈妈做的红烧肉的味道始终萦绕在脑海中，哪怕想想都觉得很幸福。索性亲自下厨给工作室的小伙伴们每人做一份红烧肉饭，并用微信发给千里之外的妈妈，让她知道我吃得好、吃得很健康，一切很如意！

如果你把这样的照片发给朋友，对方可能会觉得你无聊或是有意炫耀，但是发给父母，再无聊的照片，他们也会觉得有趣。儿行千里母担忧，他们希望参与你生活的每一秒，不求你事业多出色，只希望你能吃得好！

妙手生花，妈妈红烧肉原汁拌饭

软糯鲜香，
肥而不腻，
令人回味无穷。

/ 材料 /

带皮五花肉 700 克
葱 适量
姜 适量
小红椒 3 个
米饭 1 碗

/ 调料 /

白糖 20 克
黄酒 20 毫升
老抽 10 毫升
大料 2 个
香叶 2 片
生抽 适量
盐 少许

/ 做法 /

1 带皮五花肉洗净，切成小块；葱、小红椒分别切段；姜切丝。

2 将带皮五花肉块放入开水锅中余烫，煮至肉块变白，捞出备用。

3 锅里倒入水，放入白糖，小火熬制糖色。

炒制糖色的过程中，一定要不停搅动。

4 糖色熬好后放入五花肉翻炒片刻，加入葱段、姜丝、小红椒段、香叶、大料、黄酒，继续翻炒。

5 在锅中倒入老抽、生抽，翻炒至上色均匀，然后加入热水（水要没过肉），大火烧至开锅后转小火炖 1 小时，接着大火收汁，放入盐调味，即可出锅与米饭拌食。

注意啦

◎ 肉要买带皮且肥瘦相间的五花肉，吃起来肥而不腻，口感极佳。

◎ 由于大火收汁时酱料已经都裹在肉上了，比较咸，所以盐要少放。

◎ 水要一次放够；大火收汁时要勤翻动，以免煳底。

精心搭配，速制红椒西芹

西芹因为味道特殊，被一些人从餐桌上抛弃掉了。殊不知，如果烹饪方法得当，西芹可是不可多得的美味呢！

/ 材料 /

红椒 50 克
西芹 100 克

/ 调料 /

盐少许
橄榄油 1 小匙

/ 做法 /

1 红椒洗净，切块；西芹去叶，洗净，斜切成段。

2 锅置于火上，烧热后倒入橄榄油，随后下入西芹段、红椒块快速翻炒 1 分钟，用盐调味即可。

注意啦

西芹要大火快炒，炒至比自己喜欢的软硬度稍硬时即可关火，等盛出来的时候软硬度刚刚好。此外，应根据你所切的西芹段的大小和粗细，适当调整烹饪时间。

营养细分析

很多人提起五花肉就觉得太油，殊不知，五花肉上的瘦肉是最鲜嫩多汁的，怎么煮都不会很柴。而红烧肉如果少了五花肉里肥肉的油脂，恐怕就变成柴肉一堆了。

正是因为肥瘦相间，五花肉在提供丰富蛋白质和脂肪的同时，还会有很好的补铁作用，可谓是兼具了肥瘦两种肉的优点。而我还贴心地为大家搭配了具有开胃消食作用的红椒和西芹，刚好可以化解红烧肉的油腻感，让"肉食动物"可以清清爽爽吃到幸福感爆棚。

省时有妙招

如果买不到红椒，也可以用黄椒或是青椒来炒西芹，只不过颜色就没那么好看了。

照烧猪肉原汁拌饭
+
手撕包菜

妙手生花，巧做照烧猪肉原汁拌饭

照烧酱香味扑鼻，猪肉软嫩可口。包菜与肉块相依相偎，珠联璧合，荤素搭配，看起来是那么完美！

/ 材料 /

猪肉 200 克
蒜 50 克
米饭 1 碗

/ 调料 /

照烧酱 80 克
（多数超市有售）

/ 做法 /

1 将蒜一半制成泥状，一半切片。

2 将猪肉中间筋膜切断，加入照烧酱、蒜泥，腌制 25 分钟。

3 锅烧热，倒入少许油，放入腌好的猪肉煎一下，再放入蒜片炒香后加入少许开水，小火烧 15 分钟至收汁，即可与米饭拌食。

精心搭配，速制手撕包菜

/ 材料 /　包菜（也叫圆白菜）250 克，胡萝卜 50 克

/ 调料 /　鸡精、盐、橄榄油各适量

/ 做法 /　1. 将包菜洗净后用手撕成小块。

2. 胡萝卜去皮后洗净，切成菱形块。

3. 将包菜块和胡萝卜块分别放入开水中汆烫至熟。

4. 捞出用凉开水冲凉，放入盆中，加调料拌匀与照烧猪肉一起拌饭食用。

注意啦

汆烫包菜的时间不要过长，以免叶子因过度煮制而蔫软。

火腿原汁拌饭
+
清蒸丝瓜

妙手生花，巧做火腿原汁拌饭

对"肉食动物"来讲，浓香的火腿加上软嫩的午餐肉，想想就让人流口水。丝瓜烹饪后容易发黑，加上一点红红的剁椒，颜值立马提升了许多，让人垂涎三尺。

/ 材料 /

午餐肉 1 盒
青椒 50 克
米饭 1 碗

/ 调料 /

日本烧汁 150 克
蚝油 70 克
盐 2 克

/ 做法 /

1 午餐肉切成大厚片；青椒切成条。

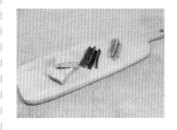

2 平底锅烧热，放入午餐肉片，略煎一下。

3 在煎制午餐肉片的锅里放入青椒条，再倒入日本烧汁、蚝油和适量开水烧煮，开锅后加入盐，收汁后即可出锅与米饭拌食。

精心搭配，速制清蒸丝瓜

/ 材料 / 丝瓜 2 根，剁椒（多数超市有售）、蒜各适量

/ 做法 / 1. 蒜去皮，制成泥状。

2. 将丝瓜去皮，切成块，将剁椒倒入，拌匀。

3. 将拌好的剁椒丝瓜摆盘，上火蒸 8 分钟，放上蒜泥，浇上热油即可。

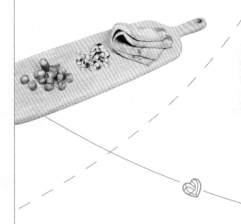

培根黑胡椒原汁拌饭 + 生拌油麦菜

黝黑味冲的黑胡椒与红白相间的培根搭配在一起没有丝毫的违和感。黑胡椒的冲味刚好可以消除培根的油腻口感，给味蕾带来顶级的享受，这难免会让人想到一个词——珠联璧合。

虽然它们外表相去甚远，彼此却不嫌弃。颇有"惺惺相惜两心知，得一知音死不辞"的意味。这个寻觅知音的过程，可能会经过漫长的等待，可能会遇到很多波折，甚至可能是你寻觅了很久，转身却发现，知己一直就在你的身边默默陪伴……

知音难觅，挚爱难寻，这样心意相通的人，无论是恋人、友人，还是爱人，遇到了，就是一种幸运；得到了，就不要放手。

妙手生花，巧做培根黑胡椒原汁拌饭

培根的肉香与洋葱的甜香真是绝配啊！

1 杭椒洗净切小段；洋葱去皮，洗净，切丁；培根解冻。

2 锅置火上，放入黄油化开，放入培根略煎即出锅。

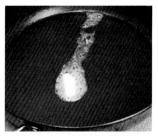

3 锅内留底油，先爆香杭椒段和洋葱丁，再将煎好的培根倒入，撒黑胡椒粉，翻炒一会儿即可出锅，与米饭拌食即可。

注意啦

◎如果不是刀工超群，我建议大家还是买市售的培根片，以免自己切的培根薄厚不均，煎的时候很难掌握火候。
◎如果选用紫皮洋葱，那么这道菜的色彩就更加丰富了。

/ 材料 /

培根 6 片
洋葱 50 克
杭椒 30 克
白米饭 1 碗

/ 调料 /

黑胡椒粉 5 克
黄油 5 克

精心搭配，速制生拌油麦菜

洋葱虽然有营养，但吃后满嘴的怪味儿会让你在办公室里成为"焦点"，搭配几片培根和油麦菜，不但可以掩盖洋葱的怪味，还可以使这一餐的营养更丰富。

/ 材料 /

油麦菜 250 克

/ 调料 /

盐 适量
蚝油汁 适量
白糖 适量

/ 做法 /

1 将油麦菜洗净，切成合适的段。

2 锅内倒入清水上火烧开，下入油麦菜略烫，捞出过凉，用调料调味后与培根一起拌饭食用即可。

注意啦

油麦菜生吃也是可以的，但其叶片的褶皱处容易留存泥土等杂质，故食用前一定要洗得很干净！

营养细分析

洋葱虽有辛辣的味道，但营养丰富，还有药用价值，被推崇为降脂、降压、抗癌的营养保健食品，享有"保健多面手"的美称。洋葱中含有的大蒜素能提高维生素 B_1 的吸收率，并且能延长维生素 B_1 在人体内发挥效用的时间。大蒜素还具有较强的杀菌作用，能帮助身体杀死造成中毒的细菌及霉菌。另外，由于本身具有的杀菌抑菌能力而使其极少患病虫害，因此，洋葱是一种比较洁净无污染的绿色安全食品。值得一提的是，吃生洋葱还可以预防感冒。

省时有妙招

切洋葱时容易辣眼睛，可以将洋葱剥皮后切成两半，直接用擦丝板快速擦成丝。或者在旁边放上一盆清水，也能减少眼部不适。

台湾卤肉原汁拌饭 + 爽口黄瓜

　　不知道是不是最近"猪友圈"流行减肥，超市里满是连皮的瘦猪肉，以致在北京，买块肥肉多些的五花肉需要驱车一个小时去郊区的批发市场才能找到合我心意的。

　　什么，买块瘦肉将就一下？如果让公司里的胖胖听到绝对要向你倒竖大拇指，他在吃的方面绝不是个能将就的人，否则真对不起他那一身的肥肉。这道台湾卤肉原汁拌饭就是他强烈要求的，究其原因要追溯到一个月前，公司有个台湾美食的案子，他"奉命"去台湾考察，回来后像着了魔一样，迷上了卤肉饭，迫不得已我只好"从"了他，亲自下厨给他做这道让他垂涎三尺的美食。为了不让胖胖一人独享，我将秘方在此公开，看到的朋友都可以亲手做来尝尝。

妙手生花，巧做台湾卤肉原汁拌饭

色泽红亮，
肉嫩鲜香，
入口肥而不腻。

/ 材料 /

五花肉 200 克
紫皮洋葱 60 克
干香菇 10 克
姜片 80 克
蒜片 50 克
白米饭 1 碗

/ 调料 /

料酒 50 毫升
生抽 15 毫升
老抽 10 毫升
五香粉 5 克
大料 2 个
冰糖 适量

/ 做法 /

1 洋葱去皮，洗净，切碎；干香菇泡发后切片；姜切丝或切末；蒜切片。

2 将五花肉洗净，切小块，放入开水锅中氽烫，捞出备用。

3 起油锅烧热，下入姜丝和蒜片，紧接着放入洋葱碎，翻炒至金黄色。

4 倒入五花肉丁，炒至肉变白，然后加入老抽、生抽、料酒、五香粉、大料、冰糖，翻炒均匀。

5 加入适量温水（没过五花肉 1 ~ 2 厘米即可），大火将汤汁煮滚，转小火慢炖 1 ~ 2 小时（盐可以在炖 1 小时后放入），盛出与白米饭拌食。

精心搭配，速制爽口黄瓜

油光透亮的卤肉块和鲜绿的黄瓜片散落于盘中，色香味形俱佳。

/ 材料 /

黄瓜 1 根

/ 调料 /

无

/ 做法 /

黄瓜洗净后切成薄片，与卤肉搭配拌饭，口感极佳。

注意啦

◎ 挑选黄瓜时注意：新鲜的黄瓜应带刺（无刺品种除外）、挂白霜；瓜条肚大、头尖、脖细的是发育不良的黄瓜；瓜条、瓜把枯萎的则是存放时间较长的黄瓜。

◎ 黄瓜尾部含有较多的苦味素，苦味素有抗癌的作用，所以，不要把"黄瓜尾"全部丢掉。

营养细分析

黄瓜被誉为"厨房里的美容师"，其含有的维生素 C 具有很好的美白功效；含有的维生素 E 有促进细胞分裂、延缓衰老进程的功能。此外，黄瓜中含有的丙醇二酸可以促使人体内的淀粉、糖转化为热能，加之黄瓜本身不含脂肪，热量不高，非常适合减肥族。当然，我把黄瓜用来搭配卤肉饭，主要是为了化解五花肉的油腻感。

省时有妙招

黄瓜是非常健康的食材，可以做菜食用，也可以洗净后直接生吃。如果你的刀工不是那么好，就不要切片了，可以切成滚刀块，如果连滚刀块也切不出来，还可以借助切菜器。

烧汁烤鸡腿拌饭
+
冰镇七喜苦瓜

妙手生花，巧做烧汁烤鸡腿拌饭

鸡肉软嫩，味道鲜美，甜香不腻。苦瓜之苦搭配七喜之甜，颇有一丝苦中有甜的禅意。

/ 材料 /

鸡腿 300 克
胡萝卜 100 克
西蓝花 80 克
白米饭 适量
蜂蜜 少许

/ 调料 /

味啉 20 毫升
（多数超市有售）
酱油 5 毫升
胡椒粉 3 克
白糖 适量

/ 做法 /

1 鸡腿去骨，拍松，加入酱油、味啉、胡椒粉、白糖、蜂蜜混合，腌 30 分钟。

鸡腿去骨，用刀背将取下来的肉不断敲打，拍散，但不要切断。

2 将腌好的鸡腿肉用锡纸包裹，放入烤箱中层，上下火均设为 180℃烤 8 分钟，打开锡纸，移到烤箱最上层，以 220℃再烤 4 分钟上色即可。

3 西蓝花掰成小块；胡萝卜切片。将两者汆熟后摆放到鸡腿旁边，与米饭拌食。

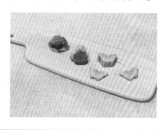

精心搭配，速制冰镇七喜苦瓜

/ 材料 /　苦瓜 2 根　　/ 材料 /　七喜饮料 1 瓶

/ 做法 /　1. 苦瓜洗净，用削皮刀刮成薄片，放入玻璃碗内。

2. 在碗内倒入七喜，放入冰箱，冷藏腌制半个小时后就可以吃了。

蜜汁鸡翅原汁拌饭 + 青椒土豆丝

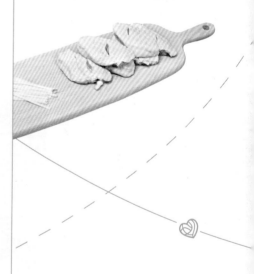

清华和北大之间除了状元之争，争执最激烈的要数"西门鸡翅"中"西门"的归属问题了。第一家"西门鸡翅"究竟出现在北大西门还是清华西门已经无从考证了，反正年轻时我都挺喜欢吃的。尽管就餐环境是那么惨不忍睹，对慕名而来的吃货们却没有丝毫影响。

回国后，朋友告诉我清华西门的那家早就拆迁了，北大西门的也可能即将被清理，"西门鸡翅"以后可能只能以一种符号的形式存在于我们的回忆里。于是，我开始试图还原记忆里那个"秘制鸡翅"的味道。

虽然尝试了很多次，但始终感觉自己没有完全复制出那个味道。我只好把味道最接近的这一款鸡翅命名为"蜜汁鸡翅"。我想，就算我照着那个老板的配方做，大概也做不出那种味道了。时间、环境、经历都在改变，味蕾、感觉和心境又岂会一直停在原地？

妙手生花，巧做蜜汁鸡翅原汁拌饭

色泽红润，入口香脆，外焦里嫩，回味微甜。

/ 材料 /

鸡翅中 6 个
姜丝 50 克
白米饭 1 碗
蜂蜜 50 克

/ 调料 /

蚝油 30 毫升
黑酱油 25 毫升

/ 做法 /

1 鸡翅中两面各切 2 刀（方便入味，同时可以让鸡翅更易熟）。

2 油锅烧热，下姜丝炒片刻，放入鸡翅，煎至鸡翅两面微黄、肉熟。

3 将蜂蜜、蚝油、黑酱油分别倒入锅中，加适量水，盖锅盖焖到汁收干即可盛出，与米饭拌食。

注意啦

◎ 这道菜成功的关键是千万别煎散鸡翅上的皮，如果你的技术不过硬，就不要贸然翻动鸡翅，可以稍微多加点油，然后不停地晃动煎锅，让热油流过鸡翅的上表面，这样上表面一样可以被热油"烫熟"。这样煎出来的鸡翅，味道要比两面煎的略差一些，但可以保持漂亮的外观。

◎ 蜂蜜和蚝油可以根据自己的口味调整用量。

精心搭配，速制青椒土豆丝

蜜汁鸡翅虽然好吃，但可不要贪多哦，不然"脂肪游泳圈"会不知不觉套在你的腰上。为了保持身材，啃完美味的鸡翅，赶紧来点青椒土豆丝清清肠吧！

/ 材料 /

土豆 200 克
青椒 1 个
葱 适量

/ 调料 /

橄榄油 适量
鸡精 适量
盐 适量

/ 做法 /

1 土豆洗净，去皮，切丝，用清水浸泡。

2 青椒掰开，去籽、蒂，洗净后切丝。

3 将二者分别下开水锅汆烫至断生，用橄榄油、鸡精、盐调味。

注意啦

由于青椒独特的生长方式，农药一般都积累在蒂上，故清洗时应先去蒂。

营养细分析

研究表明，蜂蜜含有与人体血清浓度相近的多种矿物质、维生素及多种有机酸和有益人体健康的微量元素。经常服用蜂蜜，面色会嫩白发亮、白里透红；头发也变得润泽黑亮，更加柔软，脱发、断发现象也会得到改善，而且有助于脱发再生。鸡翅既有补充蛋白质的妙用，又可以解馋，再加上青椒含有的维生素和土豆含有的蛋白质，这个套餐的营养非常全面。

省时有妙招

鸡翅上的细毛不好拔，可将鸡翅放入塑料袋，加入盐揉搓一下，再以清水洗净，就可轻松去掉细毛。如果想味道更好，可以提前一天将鸡翅用盐、酱油、料酒、姜末腌入味。

卤鸡腿原汁拌饭
＋
清炒四季豆

妙手生花，巧做卤鸡腿原汁拌饭

味道鲜香，卤味浓重。大大的鸡腿配上切成小丁的四季豆，造型美观，令人胃口大开。

/ 材料 /

鸡腿 4 个
白米饭 适量

/ 调料 /

生抽 35 毫升
冰糖 25 克
老抽 20 毫升
大料 3 个
香叶 4 片
盐 适量

/ 做法 /

1 将鸡腿洗净，放入砂锅中，依次加入大料、香叶、老抽、生抽、冰糖、盐，最后加入适量的清水，腌两个小时。

2 将盛有鸡腿的砂锅放在灶上煮沸，用勺子撇去浮起的泡沫，再用小火煮 20 分钟即可盛出，与米饭拌食。

注意啦

不要煮太久，保持鸡肉熟、鸡皮完整就是最好的火候啦。喜欢桂皮味儿的，也可以加点儿进去。

精心搭配，速制清炒四季豆

/ 材料 / 四季豆 250 克，葱、蒜各适量

/ 调料 / 橄榄油、盐、味精各少许

/ 做法 / 1. 四季豆择洗干净，切成小丁；蒜去皮切片；葱洗净切末。

2. 锅置火上，放入橄榄油烧热，下入葱蒜爆香，再下入四季豆丁，翻炒至熟透。

3. 出锅前用盐、味精调味即可，搭配鸡腿与米饭拌食。

番茄牛腩原汁拌饭 + 素炒白玉菇

扬子是我的发小，用老妈的话说，她见证了我俩从撒尿和泥到如今手足相依的情分。记得当年出国前，扬子到机场送我时，明明眼泪在眼眶里打转，嘴上却死不承认，非说有飞虫进了眼里。而我看在眼里，内心感动万分。回国后，我更珍惜这份友情，隔三岔五就会到扬子家小坐，不为别的，只想让他在吃上讲究些。

扬子还是单身，又是一双笨手，只会煮面、熬粥。所以，我每次去都要给他做些好吃的，一方面是为了教他做饭，另一方面是为了与朋友小聚，小酌几杯。这道番茄牛腩原汁拌饭就是扬子的最爱，每次他都会要求我多做出一些番茄牛腩，并打趣儿说："靠这一锅菜我能活三天！"

妙手生花，巧做番茄牛腩原汁拌饭

1 将番茄洗净，去皮切成块备用；牛腩洗净，切成麻将牌大小的块。

2 将牛腩块放入沸水中汆烫去血沫，捞出后用清水冲干净。

3 炒锅中倒入油烧至五成热，放入大料、香叶、陈皮、葱段、豆蔻、姜片翻炒片刻，加入牛腩继续翻炒，而后依次烹入料酒、老抽、生抽，翻炒均匀后加足量的开水，大火烧开，转中火煲30分钟。

加入大料、香叶、陈皮、葱段、豆蔻、姜片

4 另取炒锅倒入油烧热，加入番茄块，慢慢炒至番茄起沙，再加入番茄酱炒匀。

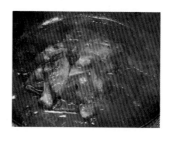

5 将牛腩倒入番茄中，继续炖煮，等汤汁浓稠时调入盐，即可出锅与米饭拌食。

/ 材料 /

牛腩 300 克
番茄 200 克
葱段 30 克
姜片 40 克
白米饭 1 碗

/ 调料 /

料酒 20 毫升
生抽 10 毫升
老抽 10 毫升
陈皮 5 克
食盐 5 克
大料 1 个
豆蔻 2 个
香叶 2 片
色拉油 适量

126

精心搭配，速制素炒白玉菇

番茄的酸爽加上牛肉的软嫩鲜香，让人大快朵颐。一锅红艳艳的汤水配上一粒粒饱满的白玉菇，看上去就溢满了幸福的感觉。

/ 材料 /

白玉菇 250 克
青椒 50 克
红椒 50 克
葱末 适量

/ 调料 /

橄榄油 少许
胡椒粉 少许
盐 少许

/ 做法 /

1 将白玉菇切去根，洗净，切成大小适中的块。

2 将青椒、红椒分别洗净，切成小丁。

3 将清水锅烧开，下入白玉菇略烫，捞出过凉。

4 另起炒锅，倒入橄榄油烧热，下葱末爆香，放入白玉菇、青红椒块，大火快炒。

5 待食材断生后加胡椒粉、盐调味，即可与番茄牛腩搭配拌饭食用（可根据个人喜好添加点蔬菜，但最好不要用味道太冲的蔬菜，以免掩盖了白玉菇的鲜味）。

营养细分析

番茄是职场女性颇为青睐的蔬菜，因为其含有柠檬酸、苹果酸、糖类、番茄红素等物质，具有分解脂肪，助消化的功效，是女性减肥餐中的首选。此外，番茄可使沉积的色素减退、消失，有助于减少面部的斑点，利于美容养颜。其实，职场男性也应该把番茄当作益友，因为其所含的维生素 B_1 有利于大脑发育，可以帮助缓解因繁重工作而造成的脑疲劳。白玉菇被誉为食用菌中的"金枝玉叶"，含有丰富的蛋白质，还有可增强 T 淋巴细胞功能的物质，能帮助机体提高免疫力。

省时有妙招

番茄牛腩，这样一道看着就很暖和的菜，一次可以多做一些，等完全放凉后置入冰箱冷冻室中，想吃的时候随时取出一些加热，味道也是很棒的。

秘制牛肉原味拌饭
+
小米辣炒白萝卜

妙手生花，巧做秘制牛肉原味拌饭

小米辣令你在沉迷于美味的牛肉时还能保持一丝清醒，不至于吃得过多。

/ 材料 /

牛肉 350 克
白米饭 适量

/ 调料 /

色拉油 100 毫升
料酒 75 毫升

老干妈豆豉 50 克
鲜酱油 30 毫升

花椒 5 克
鸡精 3 克
香叶 1 片
盐 少许

/ 做法 /

1 牛肉切成大拇指大小的丁。

切牛肉时，应在与牛肉本身的纹路成垂直的方向上下刀。

2 锅上火，倒入色拉油烧热，将老干妈豆豉、花椒、香叶下锅，煸出香味。

3 放入牛肉丁炒至发白，烹入料酒，倒入酱油煸炒上色。

4 加入适量水，炖煮 40 分钟，撒入盐、鸡精即可出锅，与米饭拌食。

精心搭配，速制小米辣炒白萝卜

/ 材料 /　白萝卜 300 克，小米辣适量

/ 调料 /　蚝油、醋各适量，食盐少许

/ 做法 /　1. 小米辣切圈；白萝卜切片。

2. 锅置火上，倒入油烧热，加入小米辣爆香，放入白萝卜片炒熟，加入少许蚝油、醋、食盐即可出锅。

牛排原汁拌饭 + 韩国泡菜

前段时间，一纸影视"限韩令"让公司里喜欢追韩剧的 90 后美女们炸开了锅，但她们还是习惯叫我"欧巴陈"。每次听到这个不伦不类的称呼，我总是暗自庆幸我不姓桑，否则直接连性别都改了。

说来有趣，我曾多次听到有人点"八分熟的牛排"，他们一定不知道，牛排只有一分熟、三分熟、五分熟、七分熟和全熟几种。

我个人觉得，一个真正的吃货，不仅要了解各种美食，更要了解各种美食背后的饮食文化，这样才不会出现类似的尴尬事件。

妙手生花，巧做牛排原汁拌饭

肉汁香浓，入口香滑，椒香弥漫，让人欲罢不能。

/ 材料 /

牛排 1 块
白米饭 1 碗

/ 调料 /

黑椒汁 100 毫升
（多数超市有售）
黄油 80 克
胡椒粉 适量
盐 适量
料酒 适量

/ 做法 /

1 牛排洗净，用胡椒粉、盐、料酒腌制 20 分钟。

2 不粘锅置火上，倒入黄油，熬至黄油化开。

一定要小火慢熬

3 放入牛排，先煎至一面上色，再翻面煎至另一面上色（牛排的成熟度可以视个人口味而定，我喜五分熟的）。

4 另取一锅，加入黄油熬至化开，依次加入黑椒汁和少许水，炒香后淋在煎好的牛排上即可出锅，与米饭拌食。

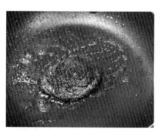

注意啦

如果你嫌自制牛排烦琐，现在市面上还有一些腌好的生牛排出售，直接下锅煎制即可。

精心搭配，速制韩国泡菜

用西式牛排配上东方传统的泡菜，不仅荤素搭配，营养合理，而且颇具中西合璧的意味！我身边爱吃韩餐的朋友可是超爱这种组合的！

/ 材料 /

大白菜 500 克
香葱丝 30 克
蒜末 20 克

/ 调料 /

白糖 20 克
韩式糖稀 15 毫升
辣椒粉 10 克
盐 10 克
姜汁 10 毫升
香油适量

/ 做法 /

1 白菜洗净，去老叶，切小块，加入盐腌渍 15 分钟。

2 腌渍后的白菜挤出水分，然后依次加入葱丝、蒜末、白糖、姜汁，搅拌均匀。

3 然后加入韩式糖稀、辣椒粉，用手抓拌均匀。

4 最后淋入少许香油，盛盘后即可食用。

注意啦

◎ 白菜切成小块不但容易入味，而且也容易入口。
◎ 辣椒粉最好炒香后再加入菜中，就不会有生辣椒的辛辣味道。
◎ 如果没有韩式糖稀，可用麦芽糖或蜂蜜或冰糖代替。

营养细分析

牛排是以上等牛肉制成的。牛肉蛋白质含量高，而脂肪含量低，味道鲜美，享有"肉中骄子"的美称。古有"牛肉补气，功同黄芪"之说。尤其是寒冬时节，多食牛肉可暖胃，是这个季节的补益佳品。此外，牛肉含酪蛋白、白蛋白、球蛋白较多，对提高机体免疫力，增强体质大有裨益。不过，可不能单吃牛排，配上一些养胃生津、开胃消食的泡菜，可以防止因食肉过多而导致的胃灼热和恶心。

省时有妙招

在煎制牛排的同时，可以另取一锅来制作浇在牛排上的料汁，这样既节约了时间，也不会让煎制牛排的过程那么无聊。

鲜鲈鱼原汁拌饭 + 剁椒大白菜

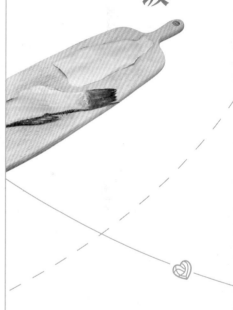

　　鱼肉虾蟹均尝尽，每逢佳节胖三斤。春节过后，"减肥"这个词儿就会像春天的柳絮一样，无处不在。"番茄 + 黄瓜 + 酸奶"成了减肥一族的三餐标配，但能坚持吃上十天半个月的却寥寥无几。即便坚持下来了，也是面色暗黄、头晕眼花。我一向不主张节食减肥，这种让人身心俱疲的方式是非常残忍的。

　　很多人做事情喜欢非黑即白、矫枉过正，一顿胡吃海喝后马上又走入另一个极端——尽可能少吃甚至不吃。减肥也是可以寻找到"灰度空间"的，低脂肪含量的鲈鱼既可以满足肉食动物的口腹之欲又不会增加脂肪，爽口的大白菜适合解除油腻，两全其美。人们痛苦的根源往往是站在灰度空间以外，要么在黑色空间里压抑自我，要么在白色空间中愤世嫉俗。黑白分明的人生稍加转换，就可以出现一个灰度的空间，将真实的自我安放其中，才叫享受生活。

妙手生花，巧做鲜鲈鱼原汁拌饭

酒香诱人，
鲜味十足，
椒香浓郁。

/ 材料 /

鲈鱼 半条
红椒 30 克
黄椒 30 克
白米饭 适量
面粉 少许

/ 调料 /

干红葡萄酒 20 毫升
黑胡椒粉 15 克
黄油 10 克
盐 5 克

/ 做法 /

1 红椒、黄椒洗净后，分别去籽、去蒂，切成丝。

2 将鲈鱼去骨，用盐、干红葡萄酒腌5分钟，然后用厨房用纸吸干水，拍上面粉备用。

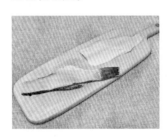

3 不粘锅上火，倒入黄油熬至化开，放入鲈鱼煎制两面金黄，撒入黑胡椒粉，烹入少许干红，盛出。

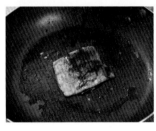

4 另取一锅，放入少许黄油，加热至化开，放入青椒丝和红椒丝炒出香味，加入盐拌匀即可出锅，淋在煎好的鲈鱼上，与米饭拌食。

精心搭配，速制剁椒大白菜

西式鲈鱼与中式剁椒大白菜放在一起毫无违和感，反而有一种吃遍天下的豪气在其中。

/ 材料 /

大白菜 300 克
肥肉 适量
剁椒 适量

/ 调料 /

盐 少许
鸡精 少许
植物油 少许

/ 做法 /

1 大白菜洗净，将白菜帮和白菜叶分别切块。

2 将剁椒用细孔网筛挤干水。

3 锅内放少量的油，放入肥肉煸出油，捞出油渣（如果个人爱吃油渣，也可以不捞出）。

4 放入挤干后的剁椒炒香，下入白菜帮炒至六成熟，再下入白菜叶，调入适量的盐和鸡精，翻炒至熟后淋入少量的明油（即熟植物油）起锅即成。

注意啦

白菜含水分多，清洗好后要甩去表面的水再切；炒制时不要炒得太熟，以免影响口感。

营养细分析

生长于海水与淡水交界处的鲈鱼，既有海鱼的鲜美，又没有海鱼的咸腥味儿，更为难能可贵的是它和海鱼一样富含矿物质，钙、磷、铁、铜的含量都非常高，非常适合贫血和体虚的人食用。再搭配含有较多膳食纤维从而能够排毒的大白菜，使得这个套餐成为不可多得的补虚佳品。

省时有妙招

用电饼铛煎制鲈鱼，不但烹制时间短，而且不会因上下面翻转而出现鱼皮破损现象，可谓一举两得。

137

深海鳕鱼秘制原味拌饭
+
姜丝腐乳空心菜

妙手生花，巧做深海鳕鱼秘制原味拌饭

鳕鱼入口软滑，浓厚的酱汁粘在舌尖上，让你的味蕾更有一种满足的感觉。白色的鳕鱼躺在盘中略显孤独，配上红色的腐乳和绿色的空心菜，不但平添了许多亮色，还让整盘菜热闹起来。

/ 材料 /

鳕鱼 250 克
姜末 10 克
白米饭 1 碗
黄油 15 克
面粉少许

/ 调料 /

日式烧汁 10 毫升
（多数超市有售）
盐 5 克
黑胡椒粉 3 克

/ 做法 /

1 鳕鱼拍一薄层面粉，放入加了少许油并烧热的平底锅中煎一下，撒少许盐，盛出备用。

2 炒锅内放入少许黄油，化开，倒入姜末、黑胡椒粉炒出香味。

3 倒入日式烧汁，烧开后加入少许开水，放入煎好的鳕鱼略微烧一下（这样烧汁的香味更容易进入鱼肉），即可与米饭拌食。

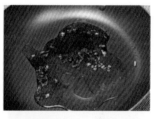

精心搭配，速制姜丝腐乳空心菜

/ 材料 / 空心菜 300 克，姜少许　　/ 调料 / 腐乳适量

/ 做法 / 1.姜切丝；空心菜洗净，去掉老叶，切成段。

2.锅内放入少许底油，烧热后倒入姜丝炒香，放入切好的空心菜，翻炒均匀后加入腐乳，再次炒匀即可出锅。

大虾原味拌饭
+
果仁菠菜

妙手生花，巧做大虾原味拌饭

虾味醇厚，咸酥可口。造型漂亮！

/ 材料 /

大虾 3 只
姜丝 10 克
葱丝 10 克
白米饭 适量

/ 调料 /

色拉油 50 毫升
料酒 20 毫升
酱油 10 毫升
蚝油 5 毫升
白糖 5 克
食盐 3 克

/ 做法 /

1 大虾开背，去虾线。

2 锅里倒入色拉油，放入姜丝爆香，把大虾放进去煎一下，然后烹入料酒，挟出备用。

3 锅底留油，放入葱丝，倒入蚝油、酱油，撒糖、盐后，加入少许水，放入煎好的大虾。

4 烧开后小火煨一下收汁，即可与米饭拌食。

精心搭配，速制果仁菠菜

/ 材料 / 菠菜 300 克，花生米 50 克

/ 调料 / 盐、味精各少许，米醋适量，海鲜酱油 1 小匙

/ 做法 / 1. 菠菜择洗干净，切成小段；花生米入锅炸熟，捞出备用。

2. 菠菜下到开水锅中氽烫熟，捞出冲凉后放入盆中。

3. 加入花生米、米醋、盐、味精、海鲜酱油调味即可。

三文鱼原汁拌饭 + 清炒西葫芦

随着生活水平的提高，三文鱼在人们的餐桌上也不再是稀客了，出于这个原因我选了三文鱼作为今天的主材。其实，我本人是很少食用三文鱼的，因为对它们有些许敬意。

这种鱼在产卵时，要从河溪中逆流而上，直至回到大海。在这个过程中，一部分鱼成了河边其他动物口中的美食，另一部分就算到达大海，在产卵后也会死去。

也就是说，从决定洄游产卵的那一刻，它们就是在向死亡出发。并且在漫长的进化史中，它们这种独特的繁衍方式没有随着环境而改变，而是始终如一坚持着自己最初的本真。鉴于此，我给今天的配菜起了个略带禅意的名字——青衣素心。

妙手生花，巧做三文鱼原汁拌饭

鲜香微辣，口齿留香。一抹红椒之艳，令整道菜顿时生动起来。

/ 材料 /

带皮三文鱼 250 克
柠檬半个
白米饭 适量

/ 调料 /

干白葡萄酒 30 毫升
黄油 30 克
蚝油 20 毫升
黑胡椒粉 10 克
小米辣 10 克
盐 5 克

/ 做法 /

1 三文鱼用黑胡椒粉、食盐腌入味。小辣椒洗净，切圈。

2 将三文鱼用平底锅煎至两面金黄，皮朝下的状态下烹入干白，盖上锅盖，焖一下后出锅。

3 锅内放少许黄油化开，放入小米辣、蚝油、水、盐。

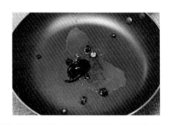

4 烧开后挤入柠檬汁，放入煎好的三文鱼（注意有皮的一面朝下）小火收汁，与米饭拌食即可。

精心搭配，速制清炒西葫芦

/ 材料 /　西葫芦 200 克，红椒、葱末各适量

/ 调料 /　盐、橄榄油、鸡精各少许

/ 做法 /　1. 西葫芦洗净，切成薄片，备用。红椒洗净，切成小丁备用。

2. 锅中倒入橄榄油，烧热后下葱末炒香，放入西葫芦片翻炒片刻，加入红椒丁、盐、鸡精调味即可。

第五章

美味营养面，触动你的百万味蕾

抛开『面面俱到』真正的中文含义不讲，从字面上看这个词简直是对面条的最高评价。一碗面，既有菜的浓香，又有面的绵软，还有汤的滑润，能够迎合所有人的味蕾，总有一个优点让你爱上它。赶紧动手，和我一起开启你的多『面』生活吧！

牛排干拌面 + 炝炒小油菜

爱吃面的人很多，但在炎炎夏日敢挑战热汤面的却不多。除了少数敢于在夏日里直面带着扑面热汽的面汤的"勇士"，大部分人只能弃面而去了。馋面了怎么办？陈小厨可以解忧。

接下来，干拌面隆重登场。我从武汉热干面中得到启发，又嫌热干面被麻酱占据了大半壁江山，配菜太少，于是加了一块大牛排，配上酸酸甜甜的杏鲍菇，绝对不会亏待了你的味蕾。

美食的最大魅力不在于做出的东西有多美味，而在于一些常见食材和做法上的创新。创新的前提是用心，只有用心感受生活的人，才能把自己对生活的一些观察和感悟，注入菜品之中，做出最合自己心意的菜肴。

妙手生花，巧做牛排干拌面

入口香滑的牛肉，爽口的小油菜，一荤一素，美味交叠，让人欲罢不能。

/ 材料 /

牛排 1 块
鲜手擀面 300 克
（多数超市有售）
姜末 适量

/ 调料 /

黑椒汁 100 毫升
黄油 80 克

/ 做法 /

1 不粘锅上火，倒入少许黄油熬至化开。在黄油中央放入牛排，中火煎至一面上色，翻面继续煎至另一面上色（视个人口味来决定牛排的煎制时间）。

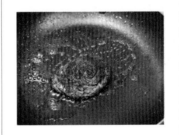

2 另取一炒锅，加入黄油上火化开，加入姜末、黑椒汁和少许水，炒香，淋在煎好的牛排上即可。

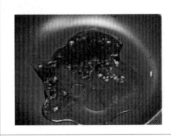

3 汤锅内加入水，烧开后下入手擀面煮熟（煮的过程中可稍微加一点儿食盐，这样不但不会粘锅，而且煮出的面还很筋道）。

4 将煮好的面捞出，与煎好的牛排一起摆盘（为了方便，也可以将炝炒小油菜直接倒在煮好的面上一起装盘）。

注意啦

有人问我，为什么一定要用手擀面。其实，你也可以用挂面，甚至是方便面来做，但是味道绝对与手擀面不同。挂面煮熟后，完全没有了筋道之感。方便面本身就是油炸的，再配上牛排，会让你瞬间产生饱腹感。

精心搭配，速制炝炒小油菜

面条、牛排和小油菜在一起，颜色上泾渭分明，颇有三分天下，各自鼎足之势。

/ 材料 /

小油菜 300 克
姜末 少许
蒜末 少许

/ 调料 /

盐 少许
胡椒粉 少许

/ 做法 /

1 小油菜择洗干净，不要掰开。

2 油锅烧热，下入姜末、蒜末爆香，之后下入整棵的小油菜，快速翻炒 2 分钟，用盐、胡椒粉调味即可。

注意啦

◎ 炒小油菜一定要大火爆炒，这样既可保持小油菜色泽鲜嫩、口感清脆，又不会过多破坏其所含的营养成分。

◎ 小油菜每次不要炒太多，吃剩的就要倒掉，以免因食用隔夜叶菜造成亚硝酸盐沉积，引发癌症。

营养细分析

黄油是直接从新鲜牛奶中提炼出的、不添加任何防腐剂的纯天然食品，营养价值居乳和乳制品之冠。50 ～ 60 克奶才可提取 2 克左右的黄油，足见其珍贵。黄油不仅是维生素 A 和维生素 D 的极好来源，而且浓缩了牛奶中丰富的蛋白质、钙、脂肪等。

此外，牛肉富含铁，是补铁补血佳品，有助于改善加班导致的"小白脸""蜡黄脸"。而小油菜富含多种维生素和膳食纤维，可以促进胃肠蠕动，预防便秘，增进肠道健康。

省时有妙招

在煎牛排的同时烧水煮面，这样可以大大节约烹制时间。

牛腩原汁拌面
+
炝炒圆白菜

妙手生花，巧做牛腩原汁拌面

牛腩与圆白菜荤素搭配，酱香浓郁，口感筋道，让人久久难忘。

/ 材料 /

牛腩 350 克
鲜手擀面 300 克

/ 调料 /

色拉油 100 毫升
料酒 75 毫升
老干妈豆豉 50
鲜酱油 30 毫升
花椒 5 克
鸡精 3 克
香叶 1 片
盐 少许

/ 做法 /

1 牛腩切成大块，入开水锅中汆烫，撇去浮沫。

2 起油锅烧热，放入老干妈豆豉、花椒、香叶，煸出香味，再放入牛腩块煸炒至发白。

3 烹入料酒，倒入鲜酱油，煸炒至上色、出香，倒入水炖煮 40 分钟，加入盐、鸡精，盛出。

4 另取一锅，锅内加水，烧开后下入手擀面煮熟（煮制过程中可稍加点盐），将煮好的面捞出，与炖好的牛腩一起摆盘即可。

精心搭配，速制炝炒圆白菜

/ 材料 /　圆白菜 300 克，蒜适量，干辣椒少许
/ 调料 /　盐适量
/ 做法 /　1.蒜切末; 干辣椒切段; 圆白菜去老叶，清洗干净后撕成小片。

2.热锅放油，加入少许干辣椒、蒜末炒香，加入圆白菜煸炒，待圆白菜炒软时加入少许食盐炒匀即可出锅。

酸汤番茄牛肉面 + 穿心莲

最近我准备再开一个工作室，却苦于寻不到合适的房子。每天被中介拉出去到处看房，却一无所获。只好回到工作间继续围着灶台转。本想煮一碗番茄牛肉面，哪知浑浑噩噩间竟然往面碗里倒进了好些米醋。

煮熟的番茄本就有些发酸，再加上这些醋，那味道就像我当时的心情——酸酸的。不过倒是很开胃，以至于我整碗都吃光了。

人生有的时候真是"有心栽花花不发，无心插柳柳成荫"。年轻的时候，心气儿高，凡事都喜欢争一争，努力进取并不是什么坏事，但有的时候却因为过于执着一件事儿，而错过了路边的风景。现在想想，"得之我幸，失之我命"倒不失为一种让人惬意的生活态度。人生那么长，偶尔放纵一下自己也是一件乐事。

妙手生花，巧做酸汤番茄牛肉面

番茄的酸爽加上牛肉的软嫩鲜香，让人无限回味。

/ 材料 /

牛腩 300 克
鲜手擀面 250 克
番茄 200 克
姜片 40 克
葱段 30 克

/ 调料 /

米醋 20 毫升
料酒 20 毫升
生抽 10 毫升
老抽 10 毫升
盐 5 克
肉蔻 1 个
番茄酱少许
大料 2 个

/ 做法 /

1 牛腩洗净，切成麻将牌大小；番茄顶部用刀轻轻划上十字，放入沸水中烫片刻，取出剥掉皮，切块。

2 将牛腩块放入沸水中汆烫，撇去血沫，捞出洗净。

3 油锅烧热，放入大料、肉蔻、葱段、姜片翻炒片刻，加入牛腩继续翻炒，依次烹入料酒、老抽、生抽炒匀，倒入砂锅中，加足量的开水，大火烧开，转中火炖 30 分钟，出锅盛到容器中。

4 炒锅洗净后倒入油，加入番茄块，慢慢炒出沙，加入少许番茄酱炒匀。

5 将刚才制好的牛腩倒入炒锅中，继续炖煮，等汤汁浓稠时调入盐、米醋，即可出锅。

6 汤锅内加入水，烧开后下入手擀面煮熟（煮的过程中可稍微加一点儿盐，这样不但不会粘锅，而且煮出的面还很筋道）。

7 将煮好的面捞出，与炖好的牛腩一起摆盘，再配上穿心莲，这道面就大功告成了！

精心搭配，速制穿心莲

穿心莲可谓摆盘造型百搭小能手，既可以围成一圈，做成花边，也可以堆于一角，做成一个立体图形。

/ 材料 /

穿心莲 100 克

/ 做法 /

1 将穿心莲去掉烂叶，洗净。

2 将洗好的穿心莲用开水汆烫后捞出。

3 将穿心莲直接放入面里，用番茄牛肉面的汤汁拌着同吃。

注意啦

◎穿心莲不要汆烫得太熟，以免损失更多的营养物质。
◎酸汤番茄牛肉面的味道本身就很重，所以搭配的青菜不宜再加盐了，否则会出现盐摄入量超标的问题。

营养细分析

穿心莲清热解毒、燥湿消肿的作用可谓妇孺皆知，在容易上火的秋季或是某事引发你上火的时间段，不妨吃点穿心莲降降火。而番茄是补充维生素 C 和膳食纤维的"好手"，可以帮助缓解上火带来的口腔溃疡、便秘等多种症状。两者的组合可谓是经典去火套餐。

省时有妙招

番茄牛腩可以一次多做些，等完全放凉后放入冰箱，下次食用味道也是很棒的。

牛肉清汤面 + 青菜苗

妙手生花，巧做牛肉清汤面

肉香浓郁，豉香扑鼻，爽口的青菜苗与筋道的牛肉各具特色，暗红的牛肉与淡淡的绿色搭配，厚重中不失清雅，为你带来丰富的感官体验。

/ 材料 /

鲜面条 150 克
牛肉 50 克

/ 调料 /

料酒 75 毫升
老干妈豆豉 50 克
花椒 5 克
鸡精 3 克
香叶 1 片
食盐适量
一品鲜酱油 适量

/ 做法 /

1 牛肉切成大拇指大小的丁。

2 锅上火，倒入适量油，将老干妈豆豉、花椒、香叶下锅，煸出香味。

3 放入牛肉丁煸炒至发白，烹入料酒、一品鲜酱油煸炒上色并出香味，加适量水，炖煮 40 分钟，待汤汁浓稠后撒盐、鸡精即可出锅。

4 汤锅内加水，烧开后下入面条煮熟，捞出，与炖好的牛肉一起摆盘。

精心搭配，速制青菜苗

/ 材料 / 青菜苗 100 克

/ 做法 / 将青菜苗洗净，用开水氽烫一下，与牛肉面一同拌食。

　　朋友要带孩子来我家里"蹭饭"，除了一大桌子美食，我还特意为小家伙准备了乌冬面。谁知我高估了一个三岁男孩使用筷子的水平，滑溜溜的乌冬面根本不受他筷子的控制。一碗面有一大半都喂给了我家的地板和椅子，小孩的衣服也变得脏兮兮。

　　我颇为不好意思，问朋友孩子平常在家吃什么，准备再做一些。谁知朋友却说，就让他吃那个吧，挑战一下自己。

　　人在自己的心理舒适区待久了，就容易自我妥协，安于现状。一旦面对这个舒适区以外的挑战时，就会感到不安全、焦虑，甚至恐惧。当人鼓起勇气，走出心理舒适区之后，就获得了一次成长。不断成长是每个人的本能，随着心理舒适区被不断突破，这个令你舒适的区域也会逐渐变大。

妙手生花，巧做鲜虾乌冬面

晶莹剔透，
鲜香滑嫩，
回味无穷！

1 将鸡肉洗净切片；虾开背去虾线，洗净。

2 热锅放油，下入鸡肉片中火翻炒，放入葱花，待鸡肉变色后倒入开水，调入盐、酱油。（可以根据个人口味加适量的胡椒粉，以去除虾和鸡肉的腥味儿，同时可以温胃散寒）

3 大火烧开后，放入处理好的虾、乌冬面、香油略煮，倒入碗中（煮面时稍微加一点儿食盐。这样不但不会粘锅，而且煮出的面还很筋道）。

4 将乌冬面、鸡片、虾捞出，摆盘，放入青菜叶即可。如果所麻烦，也可以将配菜青菜叶直接倒在煮好的面上即可上桌。

注意啦

◎ 有的人喜欢用冻虾仁来代替鲜虾煮这道面，我建议尽量选用鲜虾，这样味道会更好。现在有很多可以送菜上门的鲜蔬和水产配送门店，我们可以提前一天预订，然后将鲜虾放入冷藏柜中，第二天可以随时使用。

◎ 胡椒粉是居家常用调料之一，可以去腥提味、帮助消化。胡椒粉有黑胡椒粉、白胡椒粉两种，黑胡椒粉味重，调味效果优于白胡椒粉，适合做牛排等腥味重的食材时添加；白胡椒粉味道淡，药用价值更高，更适合煮汤、煮面时候添加。

◎ 胡椒粉不宜高温油炸，所以应该在加好煮面的水后再加入锅中，而不要和葱花一起放入油中翻炒。

/ 材料 /

鲜虾 1 对
乌冬面 1 包
鸡肉 200 克
葱花 30 克

/ 调料 /

酱油 5 毫升
胡椒粉 4 克
盐 适量
香油 适量

精心搭配，速制青菜叶

鲜嫩的虾肉，软滑的面条，脆爽的青菜，三者相得益彰，带来不同的味蕾享受。

/ 材料 /

青菜叶 适量

/ 做法 /

青菜叶可选的范围很广，如菠菜、油菜、小白菜、油麦菜等等，可根据自己的爱好搭配。只要将青菜叶洗净，用开水氽烫熟即可，与面搭配食用。

注意啦

可以把乌冬面铺在盘底，上面摆上大虾、鸡肉和青菜叶，也可以直接将面和肉、菜一同拌食。

营养细分析

虾的营养成分极为丰富，含有钾、碘、镁、磷等矿物质及维生素A、氨茶碱等，其中，镁对心脏活动具有重要的调节作用，能很好地保护心血管系统，减少血液中胆固醇的含量，防止动脉硬化，同时还能扩张冠状动脉，有利于预防高血压及心肌梗死。

不过，虾能提供的能量比较有限，所以有必要加点鸡肉和青菜来补充营养，让你吃完这碗面，能立刻满血复活，继续投入一天的战斗中去。

省时有妙招

鸡肉内含有谷氨酸钠，可以说是"自带味精"。烹调鲜鸡时只需放油、盐、葱、姜、酱油等，味道就很鲜美。

爽口凉拌面
＋
黑豆苗

妙手生花，巧做爽口凉拌面

在传统凉拌面的基础上增加了调料种类，再配上黑豆苗，味道更丰富了。

/ 材料 /

鲜面条 250 克
蒜末 20 克
葱花 5 克
姜末 少许

/ 调料 /

芝麻酱 15 克
白糖 10 克
生抽 8 毫升
米醋 5 毫升
香油 3 毫升
辣椒油 3 毫升

/ 做法 /

1 把面条放入沸水锅中煮熟，捞出，过凉水，沥干，装盘。

2 面条上放入姜末、蒜末，倒入香油、生抽、米醋、辣椒油，加入芝麻酱、白糖，稍加一点点凉开水（这样拌出的面不会太干），搅拌均匀，撒葱花即可。

注意啦

面条在装入盘子的时候挑一下，叠着放，这样摆出来的面条会更有层次感。

精心搭配，速制黑豆苗

/ 材料 /　黑豆苗 200 克　　/ 调料 /　盐少许

/ 做法 /　黑豆苗用开水烫一下就可以拌面食用了。如果觉得配菜不够，还可以加上黄瓜丝、芹菜丁等等。总之，凡是你喜欢的菜都可以搭配。

注意啦

用少许水泡上当年新产的黑豆，每天换一次水，几天后你就能收获自制的黑豆苗喽。

剁椒肥牛原味面 + 水发黄豆苗

　　无论是与鸡蛋同炒，还是与鱼头共舞，甚至只是取那么一两勺往米饭中一搅，剁椒都会让与它相伴的食材添味增色不少。

　　剁椒之辣，乃是香辣。初食辣气扑鼻，细嚼又有一缕甜香。我原本是不喜食辣的，第一次吃到剁椒是在同学的升学答谢宴上，她极力向我推荐这种红色的美食，说那是她尝过的最令人难忘的味道。盛情难却，我只得"冒险一试"，最终如她所说，这确实成了令我最难忘的味道。

　　多年后，同学再次重聚，她指着盘子说，谁点的这菜啊，大夏天吃剁椒会上火的！我既惊讶又错愕！没想到别人不经意间的某些话，深深刻在了我的心里，她本人却根本不记得了。时光会让人的记忆变模糊，也会让人的情感变迟钝，但是它抹不掉能同时调动百万味蕾让人神清气爽的老味道。

妙手生花，巧做剁椒肥牛原味面

香辣可口的剁椒味儿，浓香扑鼻的豆豉香，合力冲击着你的味蕾。

/ 材料 /

鲜手擀面 300 克
肥牛片 250 克
蒜 50 克
姜 30 克

/ 调料 /

剁椒 150 克
蒸鱼豉油 30 毫升
豆豉 10 克

/ 做法 /

1 姜、蒜去皮，分别切成碎末；肥牛片用开水汆烫一下迅速捞出。

3 汤锅内加入水，烧开后下入手擀面煮熟。

2 锅中加油烧热，放入姜末、蒜末爆香，下入剁椒炒出香味，倒入豆豉、肥牛片，浇入蒸鱼豉油，翻炒至所有食材上色均匀，即可出锅。

4 将煮好的面捞出，与炒好的剁椒肥牛一起摆盘。若想省事，也可以将配菜水发黄豆苗直接倒在面上一起装盘。

注意啦

肥牛入水汆烫的时间一定要短，否则被烫老了的肥牛就变成磨牙棒了。

精心搭配，速制水发黄豆苗

阳台种菜今年成了时尚，出镜率极高的豆苗也由普通的菜场便宜菜变成了健康的"小资新时尚"。

/ 材料 /

黄豆苗 适量

/ 做法 /

将黄豆苗洗净，用开水汆烫熟即可。

注意啦

◎ 水发黄豆苗时，一定要用当年产的黄豆。陈年的豆子出苗率是很低的！

◎ 水发豆苗时，水不要放得太多，最好在上面盖上一块屉布，而且要记得经常换水。

营养细分析

如果你把肥牛的营养价值等同于肥肉的，那可就大错特错了。肥牛是一种高密度营养食物，不但含有丰富的蛋白质、铁、锌、钙，还是多种维生素的极佳来源。吃肥牛时搭配一点儿辣椒或剁椒，既可以使营养更均衡，又有很多意想不到的作用。因为剁椒是以辣椒为原料制成的，可以改善食欲，同时因其含有丰富的维生素C，故可以控制心脏病及冠状动脉硬化的发病，降低胆固醇。另外，辣椒所含的一种特殊物质辣椒素，能加速新陈代谢，可达到燃烧体内脂肪的效果，从而起到减肥作用。这种物质还可以促进激素分泌，对皮肤有很好的美容保健作用。

省时有妙招

煮面的同时可以汆烫黄豆苗，但不要提前太早把面条煮出来，以免其粘成一坨。

酸辣牛肉原汁面
+
凉拌广东菜心

妙手生花，巧做酸辣牛肉原汁面

鱼酸菜的酸与普通的醋酸是不一样的，加上辣酱与辣椒的混合，其味道可想而知是有多么的酸爽过瘾。

/ 材料 /

鲜手擀面 300 克
肥牛片 200 克
鱼酸菜 100 克
姜末 20 克

/ 调料 /

李锦记辣椒酱 30 克
生抽 20 毫升
料酒 15 毫升
干辣椒 10 克
盐 少许

/ 做法 /

1 肥牛片用开水汆烫一下迅速捞出；鱼酸菜切丝。

2 炒锅放底油，放鱼酸菜、姜末、干辣椒、辣椒酱、料酒、生抽，翻炒均匀。

3 加水煮开，下入肥牛片煮 2 分钟，关火。

4 汤锅内加水，烧开后下入手擀面煮熟。将煮好的面捞出，与制作好的菜一起摆盘。也可以将配菜凉拌广东菜心直接倒在煮好的面上一起装盘。

精心搭配，速制凉拌广东菜心

/ 材料 / 广东菜心 300 克，水发枸杞少许

/ 调料 / 碱面、植物油各少许，盐、鸡精、香油各少许，熟白芝麻少许

/ 做法 /

1.广东菜心洗净，去粗根，加碱面、油煮至颜色变深，捞出，切小段。

2.将菜心段放入碗中，加入盐、鸡精、香油，抓拌均匀，撒熟白芝麻，摆上泡发的枸杞即可。

乡间香肠原味面
+
爽口生菜丝

　　小时候，每到过年，住在乡下的外婆家都会杀一头猪。不光是为了吃肉，也是为了取大肠做灌肠。外婆做出来的灌肠有着浓浓的肉香味，就连牙齿碰触到灌肠皮时的脆感都一直埋在我的记忆深处。

　　这种乡间自制的香肠一般是用猪大肠加上猪肉、蒜泥、淀粉等原料手工灌装的，只有过年时才可以尝到。中学毕业后，我就没有再尝到过这种味道，因为外婆家拆迁了，住上楼房后不能再养猪，也就没有做这种香肠的机会了。自那以后，我只能吃超市里售卖的机器灌装的香肠了。

　　城镇化带来了各种令人目不暇接的繁华，却也带走了唯有在乡间才能找到的诸多乐趣。一得一失间，留下了许多悲欢和笑颜，但以前的日子怕是再也寻不回来了。

妙手生花，巧做乡间香肠原味面

肉香Q弹，香味四溢。

材料

手擀面 300 克
香肠 200 克
蒜末 20 克

调料

生抽 25 毫升

做法

1 蒜切末；香肠洗净，放入水里煮一下。

2 锅里放少许油，放入香肠，用小火慢慢煎熟，盛出。

3 锅留底油，倒入蒜末、生抽炒成酱汁，下入香肠，煸炒至香肠入味，关火。

4 汤锅内加入水，烧开后下入手擀面煮熟（煮的过程中可稍微加一点儿盐，这样不但不会粘锅，煮出的面还很筋道筋道）。

5 将煮好的面捞出，放入盘中，上面摆上煎好的香肠，淋上汤汁即可。也可以将配菜爽口生菜丝直接倒在煮好的面上一起装盘。

精心搭配，速制爽口生菜丝

红红的香肠配上翠绿的生菜，荤素相宜，色彩艳丽，顿时让人胃口大开。

/ 材料 /

生菜 100 克

/ 做法 /

1 将生菜洗净，手撕成小条。

2 将生菜丝放在开水中略烫一下，捞出，即可与香肠原味面一同拌食。

注意啦

生菜的吃法很多，有人喜欢生吃，也有人喜欢熟吃，但生菜，特别是球状生菜不容易洗净，用来生吃时最好用开水烫一下，更为安全一些，同时也不会影响口感。

营养细分析

很多人担心香肠虽然能补充蛋白质和碳水化合物，但吃多了可能会有损健康。为了解除你的这种担忧，我特意把它和能够排毒的生菜一起搭配。

此外，生菜还具有很好的保健、美容作用。它所含的维生素 C 具有较强的抗氧化功能，可增强机体对外界环境的应激能力，增强机体免疫力，提高人体对疾病的抵抗能力，而它所含的维生素 A 能使皮肤保持弹性，使皮肤具有抗损伤能力，还可延缓皮肤衰老，有较强的美容作用。

省时有妙招

在煮面的同时将生菜放入沸水中汆烫一下，然后捞出备用，可以缩短菜肴的烹饪时间。

174

培根肉卷原味面
+
清炒绿豆芽

　　一直以来我都认为火腿是种很常见的食材，在超市选购火腿时，我也往往是选择自己常吃的那种。直到有一次，新来的实习助理按照我给的食材清单采购时，买回了五六种火腿，甚至包括一根火腿肠，我这才发现同样是火腿，种类不一样做出来的菜味道也是千差万别。

　　熏肉的火腿，味道和培根相近，却比培根经济实惠；带脆骨的火腿，吃起来脆爽十足，但对牙口不好的人而言却如噩梦；淀粉多的火腿，几乎尝不到什么肉味，不过正是因为如此没有"个性"，倒是可以和任何食材去搭配。不能说哪种火腿更好，因为它们都各具特色，各自适合不同的人。

　　有时候我在想，用来形容彼此志趣相投的"对胃口"这个词，是不是个吃货发明的呢？仔细想想，这个词真是妙极了。

175

妙手生花，
巧做培根肉卷原味面

香浓，脆爽，让人有风
卷残云般吞下的冲动！

/ 材料 /

鲜手擀面 300 克
培根 200 克
火腿 70 克
葱末 50 克
蒜末 50 克

/ 调料 /

料酒 20 毫升
生抽 10 毫升
盐 3 克

/ 做法 /

1 火腿切成小段，卷入培根肉中用牙签固定。

2 锅烧热，倒入少许油烧至七八成热，将制作好的火腿培根卷放入锅中煎一下，然后放入蒜末、少许水，加入盐、生抽、料酒，盖上锅盖烧 5 ~ 8 分钟即可。

3 另起油锅，下入葱末、姜末、生抽和适量的水，大火烧开后放入煎好的培根卷，大火收汁即可。

4 汤锅内加入水，烧开后下入手擀面煮熟。

5 将煮好的面捞出，与培根肉卷一起摆盘。为了方便，也可以将配菜清炒绿豆芽直接倒在煮好的面上。

注意啦

煮面条时，可用筷子夹断面条观察断面是否有白心，如果没有，则表明面条已煮熟了。

精心搭配，速制清炒绿豆芽

培根飘着悠悠的烟熏香味，很好地弥补了绿豆芽虽清脆爽口但寡淡的味道。

/ 材料 /

绿豆芽 200 克
干辣椒 2 个
蒜末 少许

/ 调料 /

橄榄油 少许
盐 少许
胡椒粉 少许
米醋 少许

/ 做法 /

1 绿豆芽用清水淘洗干净。

2 锅上火，倒入橄榄油烧热，下入干辣椒、蒜末炒香，再下入绿豆芽快速翻炒，放入胡椒粉、米醋，继续翻炒至食材将熟，用盐调味即可。

注意啦

炒豆芽时适当加点醋，可有效保护其细胞的细胞壁，使其更加坚挺，从而使成菜更加脆嫩爽口。

营养细分析

食用豆芽是近年来的新时尚。豆芽中以绿豆芽最为便宜，而且营养丰富。绿豆在发芽的过程中，维生素 C 的含量会增加，所以绿豆芽的营养价值比绿豆更高。中医理论认为，绿豆芽不仅能清暑热、解诸毒，还能利尿消肿、除湿美颜，非常适合久坐空调房、长时间对着电脑办公的办公室一族。

购买豆芽时，一定要去正规超市，以免买到危害身体健康的"毒豆芽"或"无根豆芽"。最安全的办法，还是自己用水发豆芽，只不过需要的时间有点长。

省时有妙招

如果只是为了好吃不在乎造型，培根可以不用卷起来煎制，直接放入面中烩一下即可。

红烧排骨原汁面

＋

水氽茼蒿

每年卖掉的方便面连起来可以把地球缠成个木乃伊了。其中，红烧排骨味儿的方便面可谓是主力。身心健康的人不会在鸡蛋里挑骨头，但曾经在红烧排骨方便面里找排骨的人不在少数，少时的我就是其中之一。

直至而立，我才算彻底改掉了百分百相信广告的毛病。广告上宣传的，能兑现百分之七八十就算是有良心的商家了。没达到你期望？那就自己动手修补修补，比如红烧排骨方便面里没排骨，那你就自己做呗，想吃多少排骨就放多少。

没有哪件东西会像广告宣传得那么完美，也没有哪个人会像你初识时那么美好，抱怨自己当初眼光不好根本无济于事，积极寻找解决方案才是王道。

妙手生花，巧做红烧排骨原汁面

肉嫩汁浓，肥而不腻。

/ 材料 /

鲜手擀面 300 克
排骨 200 克
姜 80 克
洋葱 60 克
蒜 50 克
香菇 50 克
熟鸡蛋 1 个

/ 调料 /

料酒 50 毫升
生抽 15 毫升
老抽 10 毫升
五香粉 5 克
大料 2 个
冰糖 适量
盐 适量

1 香菇洗净，切丝；洋葱洗净，切碎；姜切片；蒜切末。

2 排骨斩成小块，洗净后汆烫，撇去血沫，捞出，沥干备用。

3 起油锅烧热，爆香姜片、蒜末，放入洋葱碎，炒至金黄色。

4 倒入排骨块，炒至肉色变白，加入老抽、生抽、料酒、五香粉、大料、冰糖，翻炒均匀。

5 加入温水至没过排骨 1 ~ 2 厘米，放入香菇丝，大火将汤汁煮沸，转小火慢炖（可倒入砂锅中慢炖），炖制 1 ~ 2 个小时（盐、熟鸡蛋和香菇丝可以在炖 1 个小时后放入）后出锅。

6 另取一锅，加入水，烧开后下入手擀面煮至熟，捞入盘中，放入红烧排骨及适量汤汁即可。

注意啦

　　排骨最好选猪小排，这样烹饪时间短，而且啃起来也容易。

精心搭配，速制水氽茼蒿

"渐觉东风料峭寒，青蒿黄韭试春盘。"苏东坡这句诗中的"青蒿"，指的就是茼蒿。红烧排骨和绿色茼蒿，荤素相配，相得益彰。

/ 材料 /

茼蒿 250 克

/ 做法 /

1 将茼蒿择好，清洗干净。

2 将洗好的茼蒿放入开水中略烫，捞出放入面中即可。

注意啦

烫茼蒿的时间一定要短，因为若烫得过久，容易减弱茼蒿的健胃作用。

营养细分析

中医理论认为，排骨具有补中益气、强健筋骨的作用。不过光吃排骨和面条无法满足身体所需要的营养，所以我搭配了一些蔬菜。茼蒿中所含的维生素 C 可有效美白肌肤，促进细胞分裂，减少皱纹的产生，推迟衰老进程。此外，茼蒿中含有丰富的胡萝卜素和多种氨基酸，气味芳香，可以养心安神，稳定情绪，降压补脑，防止记忆力减退，非常适合脑力劳动者。

省时有妙招

在炖制排骨的同时可以将鸡蛋煮熟。吃完鸡蛋，蛋壳也不要丢弃，因为蛋壳对养花的家庭来说可是免费的花肥。用清洗蛋壳的水浇花，有助于花木的生长；将蛋壳碾碎后放入花盆中，既能保持水分，又能为花儿供给养分。

臊子面 + 清炒紫豆角

臊子面是小吃店或面店里常见的美食。初闻此面，很多人会把臊子面中的"臊子"，理解为"猪腰子"，也许是猪腰有些许腥臊之气的缘故？于是，有些点了"臊子面"的人就会闹出这样的笑话——"老板，我的臊子面里怎么没有腰子呢？"

臊子究竟为何物？《水浒传》中鲁智深去找郑屠户时，说了这样一句话——"奉着经略相公钧旨：要十斤精肉，切作臊子，不要见半点肥的在上面"。不知是不是受了这段文字的影响，很多人以为臊子就是瘦肉末。

在臊子面的故乡陕西，臊子指的是肉丁加香醋、辣椒等调料炒成的卤。但凡是肉，不管肥瘦，都能做成臊子浇在面上。只不过有的鲜香、有的肥腻，同样的面条，浇上不同的臊子，味道可能相去甚远。选择的伴侣不同，人生的境遇亦是千差万别。

183

妙手生花，巧做臊子面

酸甜可口，
肉香浓郁，
粒粒Q弹。

1 土豆去皮洗净，切成小丁；黑木耳泡发，洗净，去除根部和硬梗，撕成小碎丁。

2 猪肉洗净，剁成细末，备用。

3 热锅入油，下入姜末炝锅，然后放入肉末爆炒至变色， 放一点点老抽，再放入土豆丁爆炒（可以酌情加一点水以免糊锅）。

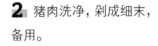

5 锅内加水烧开后下入手擀面煮熟。

/ 材料 /

鲜手擀面 300 克
猪肉 200 克
黑木耳 100 克
土豆 1 个
姜末 10 克

/ 调料 /

生抽 20 毫升
老抽 10 毫升
盐 8 克
水淀粉 少许

4 炒至土豆丁八分熟时放入黑木耳丁，翻炒片刻，加生抽、水，大火烧开，放入水淀粉、盐，翻炒收汁，即可出锅。

6 将煮好的面捞出，与炒好的臊子一起摆盘。为了方便，也可以将配菜清炒紫豆角直接倒在煮好的面上一起装盘。

精心搭配，速制清炒紫豆角

清脆爽口的紫豆角刚好可以化解臊子的油腻，让这道经典的面食香而不腻。

/ 材料 /

紫豆角 200 克
葱末 适量
蒜末 适量

/ 调料 /

盐 少许
橄榄油 少许
胡椒粉 少许

/ 做法 /

1 将紫豆角去除两头和老筋，洗净。

2 锅置火上，加入清水，烧开后下入紫豆角段汆烫片刻，捞出切成小段。

3 另起锅烧热，下入橄榄油、葱末、蒜末炒出香味，下入紫豆角段，快速翻炒，待食材熟透时加盐、胡椒粉调味即可出锅，与面一同拌食。

营养细分析

猪肉在为人体提供优质蛋白质和必需的脂肪酸时，也会带来一些问题——太油，不健康。所以，在这个套餐中，我搭配了紫豆角和黑木耳来去除油腻。此外，黑木耳中含有胶质，有较强的吸附能力，可将残留在人体内的灰尘、杂质等有害物质吸附在一起，再排出体外。

省时有妙招

黑木耳可提前泡发或是用温水泡发。如果条件允许，最好用烧开后放温的米汤浸泡，这样泡发的黑木耳肥大、松软、味道鲜美。如果时间来不及，也可以去超市购买已经发好的黑木耳。

秘制鸡腿原汁面
+
黑木耳奶白菜

妙手生花，巧做秘制鸡腿原汁面

喷香的鸡腿，脆脆的黑木耳，黑白相间，脆爽可口，食之令人神清气爽。

/ 材料 /

手擀面 300 克
鸡腿 4 个

/ 调料 /

生抽 35 毫升
冰糖 25 克
老抽 20 毫升
香叶 4 片
大料 3 粒
盐 适量

/ 做法 /

1 将鸡腿洗净，放入砂锅中，依次加入大料、香叶、老抽、生抽、冰糖、盐和少量清水，腌两个小时。

2 炒锅置火上，开大火煮沸，用勺子撇去浮沫，再用小火煮 20 分钟，捞出沥水。

3 汤锅内加入水，烧开后下入手擀面煮熟。

4 将煮好的面捞出，与做好的秘制鸡腿一起摆盘。为了方便，也可以将配菜黑木耳奶白菜直接倒在煮好的面上一起装盘。

精心搭配，速制黑木耳奶白菜

/ 材料 /　奶白菜 300 克，黑木耳 1 小把，葱花适量

/ 调料 /　猪油适量，盐、鸡精各少许

/ 做法 /　1. 奶白菜洗净，切成段。黑木耳泡发后洗净，撕成小块。

2. 锅内放入猪油化开，放入葱花炒香，再放入奶白菜翻炒，最后加入黑木耳大火翻炒，调入盐和鸡精，翻炒均匀即可出锅。

烧汁鳕鱼原味面
+
葱油藕片

妙手生花，巧做烧汁鳕鱼原味面

藕片清脆可口，鳕鱼入口软滑，浓厚的酱汁粘在舌尖上，瞬间征服你的味蕾。

/ 材料 /

鲜手擀面 300 克
鳕鱼 250 克
姜末 10 克

/ 调料 /

黄油 15 克
日本烧汁 10 毫升
盐 5 克
黑胡椒粉 3 克

/ 做法 /

1 平底锅放油烧热，鳕鱼蘸面粉，下锅煎一下，上面撒上盐，出锅备用。

略微烧一下。

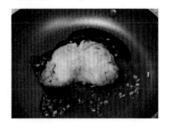

2 锅内放少许黄油，加热化开后倒入姜末翻炒，加入黑胡椒粉炒匀。

4 汤锅内加入水，烧开后下入手擀面煮熟。

5 将煮好的面捞出，与煎好的鳕鱼一起摆盘。为了方便，也可以将配菜葱油藕片直接倒在煮好的面上一起装盘。

3 等炒出香味时倒入日本烧汁，烧开后加入少许开水，放入煎好的鳕鱼，

精心搭配，速制葱油藕片

/ 材料 /　莲藕片 300 克，葱段少许

/ 调料 /　香醋、麻油各适量，盐、白糖各少许

/ 做法 /　1. 锅中加水和少许盐，下入藕片汆烫熟，捞出，沥干。

2. 将香醋、麻油、盐、白糖，混合搅拌成汁，倒在藕片上。

3. 锅中倒油，下入葱段略炸，将葱油浇在藕片上，拌匀。

煎烤三文鱼原汁面
+
清炒蒿子秆

妙手生花，巧做煎烤三文鱼原汁面

三文鱼外焦里嫩，蒿子秆清脆爽口。晶莹剔透，惹人怜爱。

/ 材料 /

鲜手擀面 300 克
三文鱼 250 克
柠檬 半个

/ 调料 /

干白葡萄酒30 毫升
黄油 30 克
蚝油 20 克
生抽 15 毫升
黑胡椒粉 10 克
小米辣 10 克
盐 5 克

/ 做法 /

1 三文鱼用黑胡椒粉、盐腌入味。

2 将三文鱼用平底锅煎至两面金黄，皮朝下的时候烹入干白葡萄酒，盖上盖，焖一下后出锅。

3 锅内放入少许黄油，加热化开，倒入小米辣、蚝油、水、盐烧开，将柠檬汁挤到锅内，放入煎好的三文鱼，收汁后出锅。

4 汤锅内加入水，烧开后下入手擀面煮熟。

5 将煮好的面捞出，与煎烤三文鱼一起摆盘。为了方便，也可以将配菜清炒蒿子秆直接倒在煮好的面上一起装盘。

精心搭配，速制清炒蒿子秆

/ 材料 / 蒿子秆 300 克，葱、蒜末各少许

/ 调料 / 橄榄油适量，盐、胡椒粉各少许

/ 调料 / 1.蒿子秆去根部，择洗净后用清水浸泡 15 分钟，切成小段。

2.锅置火上烧热，下入橄榄油，爆香葱末、蒜末，下入蒿子秆大火翻炒。

3.待蒿子秆将熟时用盐、胡椒粉调味即可出锅，与面一同拌食。

酱汁鲈鱼原味面
+
花生酱拌豇豆

妙手生花，巧做酱汁鲈鱼原味面

鲈鱼鲜美多汁，酒香诱人，酱香浓郁，加上黄油与黑胡椒的美妙结合，更是增添一丝西餐式的浪漫感。

/ 材料 /

鲜手擀面 300 克
鲈鱼 半条
红椒丝 30 克
黄椒丝 30 克
红酒 少许

/ 调料 /

生抽 20 毫升
黑胡椒粉 15 克
黄油 10 克
盐 5 克
面粉 少许

/ 做法 /

1 鲈鱼去骨，加盐、红酒腌 5 分钟，蘸面粉备用。

2 不粘锅上火，加入黄油烧至化开，放入鲈鱼煎至两面金黄，撒黑胡椒粉，烹入生抽，加少许开水，略微烧一下即可出锅。

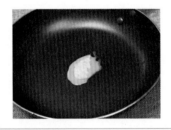

3 另取一锅，放入少许黄油，加入彩椒丝，炒出香味后加入盐即可。

4 汤锅内加入水烧开，下入手擀面煮熟。

5 将煮好的面捞出，与做好的酱汁鲈鱼一起摆盘。

精心搭配，速制花生酱拌豇豆

/ 材料 / 豇豆 300 克，蒜末、姜片各少许

/ 调料 / 花生酱适量，生抽、盐、白糖各少许

/ 做法 / 1. 将花生酱放入碗中，用温开水化开，加盐、白糖、蒜末、生抽，搅拌成花生酱汁。

2. 锅里放 2 碗水，大火煮开，放入姜片、盐，搅拌均匀，加入豇豆大火煮熟，捞出，切长段。

3. 将切好的豇豆段放入盘中，浇上花生酱汁即可。

红烧猪肉口水面

+

蒜香娃娃菜

妙手生花，巧做红烧猪肉口水面

红烧肉色泽红亮，肥而不腻；娃娃菜蒜香十足，让你爱不释口。

/ 材料 /

鲜手擀面 300 克
五花肉 200 克
姜 30 克
大葱 20 克
干辣椒 适量

/ 调料 /

料酒 50 毫升
生抽 15 毫升
老抽 10 毫升
五香粉 5 克
冰糖 适量

/ 做法 /

1 大葱切段，姜切片，五花肉切成大块后氽烫。

2 炒锅内倒入适量油烧热，爆香姜片和干辣椒、葱段，下入五花肉块，随即加入老抽、生抽、料酒、五香粉、冰糖，翻炒均匀。

3 加入温水至没过五花肉 1 ~ 2 厘米，大火煮沸后转小火慢炖，炖制 1 ~ 2 个小时后捞出。

4 汤锅内加入水，烧开后下入手擀面煮熟。

5 将煮好的面捞出，与红烧猪肉一起摆盘。

精心搭配，速制蒜香娃娃菜

/ 材料 / 娃娃菜 300 克，蒜少许

/ 调料 / 辣椒酱适量，蚝油 1 汤匙

/ 做法 /

1. 蒜瓣切成细粒；娃娃菜去老叶，自中间剖开成小瓣，氽烫至变色。

2. 炒锅里倒入植物油，油热后放入蒜粒炒出香味，调入蚝油，炒匀成料汁。把炒好的料汁浇在娃娃菜上。根据个人喜好浇上适量辣椒酱拌匀即可。

海鲜什锦原汁面 + 清炒虫草花

蟹的味道之鲜美无可替代，是很多人嗜食它的原因之一，甚至生出"不到庐山辜负目，不食螃蟹辜负腹"之感叹。

秋季是吃蟹的好季节，应该说，大部分带壳的海鲜在秋季都是其味道最为鲜美的时候。在很多沿海省市，秋季的海鲜都是"白菜价"，虽然北京距离港口城市天津很近，海鲜运输很方便，但不知为何，北京的海鲜价格总是莫名地高高在上。

顿顿吃这种"奢侈品"，嘴巴是惬意了，荷包肯定会受不了的。这时候来碗多汁的海鲜什锦面，既能解馋又能省钱，是我能为你想到的最好的两全之法。

妙手生花，巧做海鲜什锦原汁面

鲜香之味充斥着味蕾，仿若一股海风扑面而来。

/ 材料 /

鲜手擀面 300 克
大虾 100 克
蛤蜊 100 克
香菇 30 克
青豆 10 克
玉米粒 10 克
胡萝卜 20 克
姜末 10 克
蒜末 10 克

/ 调料 /

料酒 15 毫升
盐 6 克

/ 做法 /

1 大虾去虾线；蛤蜊提前泡入水中吐净沙；香菇、胡萝卜分别切丁。

2 锅中加水，放置火上，加入香菇丁、青豆、玉米粒、胡萝卜丁汆烫至熟，捞出后沥水。

3 另起锅，加开水，放入大虾、蛤蜊略汆烫。

4 炒锅放油，加姜末、蒜末爆香，依次放入蛤蜊、大虾、香菇丁、青豆、玉米粒、胡萝卜丁翻炒一下，烹入料酒，倒入少许开水，加入盐，小火烧3分钟即可。

5 汤锅加水，烧开后下入手擀面煮熟。

6 将煮好的面捞出，与炒好的海鲜一起摆盘。为了方便，也可以将配菜清炒虫草花直接倒在煮好的面上一起装盘。

注意啦

◎阳虚体质、脾胃虚寒腹痛、泻泄者忌用。
◎蛤蜊中的泥肠不宜食用。
◎蛤蜊等贝类本身极富鲜味，烹制时不需再加味精。

精心搭配，速制清炒虫草花

虫草花犹如缕缕金丝，给整道菜带来了一抹金色。

/ 材料 /

虫草花 300 克
蒜蓉 少许
葱花 少许

/ 调料 /

橄榄油 少许
盐 少许

/ 做法 /

1 将虫草花洗净。

2 将虫草花入沸水锅中汆烫，捞出过凉，沥干备用。

3 锅置火上，下入橄榄油烧热，下入葱花、蒜蓉爆香，投入虫草花快速翻炒 2 分钟，用盐调味即可。

注意啦

◎虫草花可不是冬虫夏草，它只是一种虫和菌结合的药用真菌，购买食材的时候千万不要买错了。

◎烹饪这道菜时一定要用橄榄油，因为橄榄油中所有的天然营养成分都保存得非常完好，且不含胆固醇，是目前最适合人体营养需求的油脂。

营养细分析

大虾、蛤蜊是高蛋白、高营养、低热量食物的代表；蛤蜊更是因为肉质鲜美无比，被称为"天下第一鲜"。蛤蜊中富含铁，补血效果一流，可帮助预防贫血、改善皮肤血色。此外，蛤蜊能帮助排出体内多余水分，缓解水肿症状，非常适合因久坐而出现"大象腿"的办公室一族。

省时有妙招

如果不愿意手剥玉米粒，也可以买瓶装的玉米罐头。最好的方法就是自己煮一根甜玉米，趁热用刀切下玉米粒。如果经常需要用到玉米粒，你还可以买个剥粒器。

绝味鱼丸清水面
+
白灼芥蓝

妙手生花，巧做绝味鱼丸清水面

鱼丸筋道弹牙，口感细腻，味鲜微辣。

/ 材料 /

鲜手擀面 300 克
鲜鱼丸 200 克
青椒 50 克
红椒 50 克
姜末 10 克
蒜末 10 克
葱末 5 克

/ 调料 /

料酒 10 克
蚝油 8 克
盐 5 克
干辣椒 5 克

/ 做法 /

1 鱼丸氽烫后捞出；青椒、红椒洗净后切块。

2 油锅烧热，下入葱末、姜末、蒜末，加干辣椒段炒香，下入鱼丸。

3 翻炒均匀后烹入料酒、蚝油，加入少许开水，烧开后加入盐和青红椒块，收汁即可。

4 汤锅内加入适量水，烧开后下入手擀面煮熟。

5 将煮好的面捞出，与烧好的鱼丸一起摆盘。为了方便，也可以将配菜白灼芥蓝直接倒在煮好的面上一起装盘。

精心搭配，速制白灼芥蓝

/ 材料 / 芥蓝 300 克，蒜末少许

/ 调料 / 蚝油适量，盐少许，橄榄油 1 小匙

/ 做法 / 1.芥蓝洗净，用清水浸泡 20 分钟左右，切掉老根，取嫩叶部分。

2.锅内加水烧开，放少许盐，把芥蓝放进锅中氽烫，盛出备用。

3.将蚝油、盐加适量水搅拌后，倒入净锅内烧开，倒入切好的蒜末再次烧开，关火，把蚝油汁淋在芥蓝上，拌匀即可。

最近发现很多人会在朋友圈转发一些有关"三观"的帖子，虽然措辞有所差别，但中心思想大同小异，那就是：无论同事、朋友、恋人还是夫妻，"三观"不合，则难以愉悦地生活工作在一起。那么，"三观"不合的人，有没有相合之处呢？

常言道，有人的地方就会有江湖，有江湖就会有派别。此话用在美食界同样适用。就拿我的工作室来说，别看人不多，却对美食有着不同的口味偏好，有的喜欢吃韩餐，有的爱日料，有的非中餐不能饱腹，有的更推崇意餐。有时办公室内也会因此引发唇枪舌剑。但美食是无国界、无立场的，天生自带和事佬潜质，能让持不同美食观的人心平气和地坐下来谈谈彼此。

妙手生花，巧做韩国泡菜肥牛面

泡菜脆爽鲜辣，肥牛鲜嫩顺滑，扁豆脆爽。

/ 材料 /

鲜手擀面 300 克
肥牛片 200 克
韩国泡菜 50 克
（多数超市有售）

/ 调料 /

油 5 毫升
盐 3 克

/ 做法 /

1 肥牛片入沸水锅汆烫。

3 汤锅内加入水，烧开后下入手擀面煮熟。

2 炒锅放油烧热，加入泡菜和汆烫过的肥牛，炒香后加盐，翻炒匀即可。

4 将煮好的面捞出，与炒好的泡菜肥牛一起摆盘。泡菜肥牛和扁豆一定要分开放，以免泡菜汁影响扁豆的脆感，而且这样放色彩搭配会更好看。

精心搭配，速制清炒扁豆

/ 材料 /　扁豆 200 克，葱末、蒜末各适量

/ 调料 /　盐、味精各少许，橄榄油 1 小匙

/ 做法 /　1. 扁豆择洗干净，下开水锅汆烫，捞出切成丝备用。

2. 起炒锅，倒入橄榄油烧热，放入蒜末、葱末爆香，下入扁豆丝翻炒至熟透，加盐、味精调味即可。

第六章 百变便当，健康随心

还记得刚刚回国那年，每天早上上班都会带一份便当留到中午吃，同事们经常取笑我，一个大男人过得如此精致。我认为，在吃上精致、谨慎一些就是对自己的健康负责。食品安全问题一直是一个隐患，国内慢性病、癌症的发病率不断提高，与吃大有关联。所以，我在这里提倡单身一族们，就算工作再忙，也要管理好自己的饮食，亲手制作便当，给健康打好基础。

米饭 + 黄豆烧排骨

妙手生花，巧做黄豆烧排骨配米饭

黄豆口感绵软，排骨酱香浓厚，酱香汁浸入米饭后，粒粒米饭都飘着豆香和肉香。

/ 材料 /

新鲜排骨 300 克
黄豆 100 克
姜 5 克
大米 适量
干辣椒 少许

/ 调料 /

豆瓣酱 10 克
盐 5 克
老抽 3 毫升
大料 2 个

/ 做法 /

1 黄豆在温水中泡 3 小时以上，洗净并沥水；排骨斩成小块；姜切末；干辣椒切段。

2 炒锅置火上，倒油烧热，下入姜末、干辣椒段爆香，放入排骨炒至变色。

3 先加入豆瓣酱、老抽、大料、盐翻炒 2 分钟，再下入黄豆炒至收汁，加清水至刚没过锅内的食材，盖上锅盖，中火炖煮 25 分钟即可出锅。

4 大米淘洗干净，与水以 1:1 的比例放入电饭煲中，蒸熟即可。

营养细分析

排骨虽然富含蛋白质和多种维生素，却也有着猪肉的先天不足——胆固醇高。搭配可有效降低血清胆固醇的黄豆，从而对心血管产生保护作用。这是因为黄豆里的皂苷能帮助排除贴在血管壁上的脂肪，减少血液里胆固醇的含量，进而有效预防心血管疾病的发生。

米饭 + 剁椒蒸鲈鱼

妙手生花，巧做剁椒蒸鲈鱼配米饭

剁椒味浓鲜香，鲈鱼嫩滑鲜美。如果你做了一整条鱼，还可以把米饭倒扣在鱼嘴前，就像一条吐泡泡的鱼。

/ 材料 /

鲈鱼 1 条
剁椒 80 克
姜片 20 克
大米 适量

/ 调料 /

蒸鱼豉油 50 毫升
油 10 毫升
盐 3 克

/ 做法 /

1 将鲈鱼宰杀，清理干净，取一小段抹上少许盐，加姜片腌 20 分钟。

2 将腌好的鱼用水冲洗，然后将鲈鱼两边均匀地抹上蒸鱼豉油和油；再在鲈鱼表面均匀抹上剁椒，放入盘中。

3 蒸锅中放水，大火烧开，放入调制好的鱼，蒸 8 分钟即可。

4 大米淘洗干净，与水以 1:1 的比例放入电饭煲中，蒸熟即可。

营养细分析

鲈鱼中的 DHA 含量居所有淡水鱼之首，众所周知，DHA 是有益大脑的重要营养素，故与其他鱼相比，鲈鱼更适合经常用脑的白领一族。此外，加些蒸鱼豉油不仅仅是为了提味，因蒸鱼豉油里含有人体所需的多种氨基酸、矿物质和维生素，可提高整道菜的营养价值。

咖喱鳕鱼 + 二米饭

妙手生花，巧做咖喱鳕鱼配二米饭

咖喱咸香微辣，鳕鱼绵软鲜嫩，入口即化。

/ 材料 /

鳕鱼块 200 克
胡萝卜 50 克
土豆 50 克
蒜末 20 克
大米 适量
小米 适量

/ 调料 /

咖喱酱 150 克
咖喱粉 20 克
盐 5 克

/ 做法 /

1 土豆、胡萝卜分别洗净，去皮，切块。

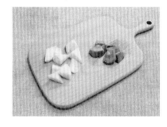

2 油锅烧热，放入土豆块和胡萝卜块翻炒，炒至土豆呈现微微透明时加入咖喱酱、咖喱粉、蒜末、盐。

3 炒匀后放入鳕鱼块，加少许水，煮开后转中小火，炖 8 分钟左右，盛出。

4 大米、小米（大米与小米的比例是 2:1）淘洗干净，两种米与水以 1:1.2 的比例放入电饭煲中，蒸熟即可。

注意啦

酱状咖喱也可用块状咖喱替代，但块状咖喱需先用水炒化再使用。

营养细分析

因不需精制，所以小米保留了大量的维生素和矿物质。此外，小米中所含的类雌激素物质具有滋阴养血的作用，可给虚寒体质的人补充营养，帮助恢复体力。咖喱极富特色的辛香味，能极大程度地刺激味觉、提升食欲，故极受追求时尚人士的喜爱。

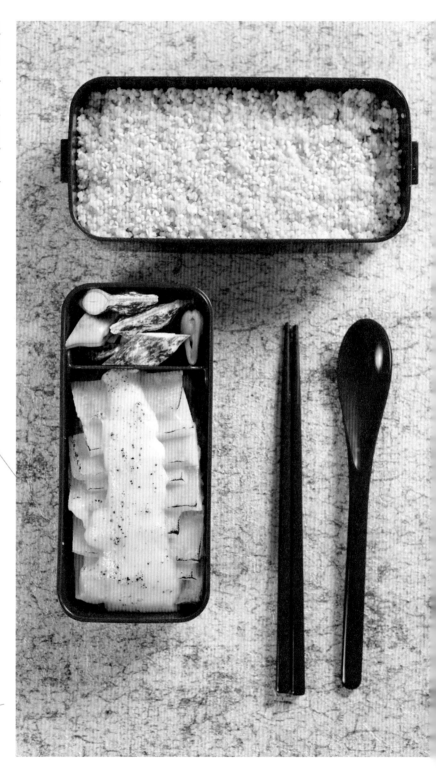

焗双色地瓜 + 小米饭

妙手生花，巧做焗双色地瓜配小米饭

地瓜和土豆这样普通的食材，经过巧妙的烹饪，也可以变成奶香十足的洋气小资甜品。

/ 材料 /

地瓜 200 克
土豆 100 克
小米 适量

/ 调料 /

淡奶油 100 毫升
黄油 50 克
面粉 适量
起司丝 适量

/ 做法 /

1 土豆、地瓜洗净，去皮后切片，放入蒸锅中蒸熟备用。

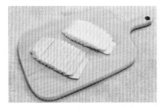

2 黄油放入热锅中烧至化开，倒入少许面粉，再加入淡奶油与少许开水拌匀，煮至黏稠状即成白酱。

3 将熟土豆片排入焗烤盘中，淋入一半白酱，再排入熟地瓜片，淋入剩余的白酱，均匀撒上起司丝，移入预热好的烤箱，以上火/下火 180℃，烘烤约 10 分钟至表面呈金黄色即可。

土豆片和地瓜片既可间隔放，也可各占一边

4 小米淘洗干净，与水以1:1.2 的比例放入电饭煲中，蒸熟即可。

营养细分析

人们大都以为吃地瓜、土豆之类淀粉含量高的食物会使人发胖，因而不敢食用。其实不然，吃地瓜、土豆不仅不会发胖，膳食纤维含量高的它们还能够帮助人们通便排毒、减肥健美。

酱爆鲜鱿鱼 + 米饭

214

妙手生花，巧做酱爆鲜鱿鱼配米饭

鱿鱼筋道鲜嫩，酱香四溢，让人根本停不下筷子。

/ 材料 /

小鱿鱼 200 克
小米辣 50 克
姜末 30 克
蒜末 20 克
葱花 20 克
大米 适量

/ 调料 /

料酒 50 毫升
海鲜酱 30 克
蚝油 20 毫升
盐 5 克
花椒油 5 毫升
白糖 3 克

/ 做法 /

1 将小鱿鱼改刀切成小块，放入加少许料酒的沸水锅中汆烫一下，捞出沥干，备用。

3 锅置火上，爆香姜末、蒜末、葱花，下入小米辣、调料汁，熬成酱汁后下入鱿鱼，炒匀。

2 将海鲜酱、蚝油、盐、花椒油、白糖放入碗中，搅拌均匀，制成调料汁。

4 大米淘洗干净，与水以1:1 的比例放入电饭煲中，蒸熟即可。

营养细分析

　　鱿鱼是海洋赐予人类的天然水产蛋白质宝库，除了富含蛋白质及人体所需的氨基酸外，还含有大量牛磺酸，是一种低热量食品，可抑制血液中的胆固醇含量。鱿鱼中含有的钙、磷、铁等矿物质，是维持人体健康所必需的营养成分，对骨骼发育和造血十分有益。不过鱿鱼的腥味儿是很多人不喜欢的，所以加入一些小米辣不仅可以补充丰富的维生素 C，还可以去腥提鲜。

鲜虾炒鸡蛋肉末
+
二米饭

216

妙手生花，巧做鲜虾炒鸡蛋肉末配二米饭

虾仁脆爽，鸡蛋软嫩，二者搭配鲜上加鲜，令人回味无穷。

/ 材料 /

鲜虾 150 克
肉末 50 克
葱花 20 克
鸡蛋 2 个
大米 适量
小米 适量

/ 调料 /

料酒 10 毫升
盐 5 克

/ 做法 /

1 鲜虾氽烫后去壳，去虾线，切成粒；肉末放入热油锅中炒熟，备用。

2 鸡蛋去壳，搅匀成蛋液。另取一炒锅，加少许油烧热，倒入蛋液翻炒。

3 待鸡蛋炒熟后加入葱花、虾仁、肉末煸炒，烹入料酒，加入盐，翻炒均匀即可出锅（若喜欢酱油的味道，可以加入少许酱油）。

4 大米、小米（大米与小米的比例是 2:1）淘洗干净，两种米与水以 1:1.2 的比例放入电饭煲中，蒸熟即可。

营养细分析

鸡蛋蛋白是天然蛋白质中最优秀的，因为它与人体组织的氨基酸模式最接近，且易被吸收，可为人体提供所有必需氨基酸，鸡蛋中还含有丰富的 DHA 和卵磷脂，能健脑益智，有助于改善各个年龄层的记忆力。不少长寿老人延年益寿的经验之一就是每天必食一个鸡蛋。

小米富含镁和钾，有助于维持神经系统的健康和心脏健康。

卤鸭腿 + 米饭

妙手生花，巧做卤鸭腿配米饭

卤香四溢，口感紧实，咸香可口，肥而不腻！

/ 材料 /

鸭腿 4 个
大米 适量

/ 调料 /

生抽 35 毫升
冰糖 25 克
老抽 20 毫升
香叶 4 片
大料 3 粒
盐 适量

/ 做法 /

1 将鸭腿洗净，放入砂锅中，依次加入大料、香叶、老抽、生抽、冰糖、盐，倒入适量清水，腌 2 小时。

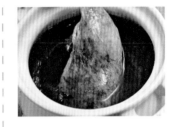

2 将腌鸭腿的砂锅置于火上，大火煮沸，用勺子撇去浮沫，改用小火炖 40 分钟，即可关火。

3 大米淘洗干净，与水以 1:1 的比例放入电饭煲中，蒸熟即可。

营养细分析

鸭肉的营养价值比较高，其中蛋白质含量约 16%～25%，比畜肉高得多；其脂肪含量适中，较均匀地分布于全身组织中，含有的脂肪酸主要是不饱和脂肪酸和低碳饱和脂肪酸，非常易于消化吸收。此外，鸭肉中 B 族维生素和维生素 E 含量也比较多。B 族维生素对人体新陈代谢、神经、心脏、消化和视觉的维护都有良好的作用；维生素 E 则有助于对人体多余自由基的清除，有抗衰老的作用。冰糖具有补中益气、清心泻火、止咳化痰的作用，并帮助清理身体内长期淤积的毒素，增强免疫细胞的活性。

老干妈蒸蛏子 + 双米饭

妙手生花，巧做老干妈蒸蛏子配双米饭

色泽红亮，豉香浓郁，鲜而不腻。

/ 材料 /

蛏子 10 个
青椒 20 克
红椒 20 克
大蒜 10 克
大米 适量
小米 适量

/ 调料 /

老干妈 30 克
料酒 15 毫升
盐 3 克

/ 做法 /

1 青椒、红椒分别洗净，切粒；蛏子提前放清水中加盐浸泡一天，使其吐净泥沙。

2 蛏子一开为二，洗净内部的沙子（如果不愿意逐个洗，可以把蛏子放进一个盆里，加水用力摇一摇）。

3 大蒜拍扁，剁成蒜蓉。用水洗去黏液，用厨房专用纸吸干水。

4 将蒜蓉、料酒、老干妈、青红椒拌匀，制成味汁儿。

5 将蛏子摆盘，用小勺给每个蛏子依次添加调好的味汁儿，然后入开水锅蒸 7 分钟。

6 烧热油，依次浇在取出的蛏子肉上，或者把蒸蛏子盘里的汁水倒入锅内，用水淀粉勾芡，收浓，浇在蛏子肉上。

7 大米、小米（大米与小米的比例是 2:1）淘洗干净，两种米与水以 1:1.2 的比例放入电饭煲中，蒸熟即可。

板烧鸡腿肉 + 米饭

妙手生花，巧做板烧鸡腿肉配米饭

肉质鲜嫩多汁，风味醇香，油而不腻。如果把鸡腿肉切成小条或小段，不但更有情调，食用起来也更方便。

/ 材料 /

鲜鸡腿 500 克
大米 适量

/ 调料 /

板烧鸡腿腌料
适量

/ 做法 /

1 选择新鲜的鸡上腿肉，剔骨、去除筋腱。

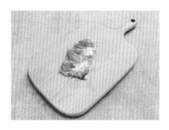

2 以每 1000 克鸡腿加入 54 克板烧鸡腿腌料及 100 克水的比例，准备好板烧鸡腿腌料和需要对的水。

3 先将水和腌料混匀，倒入鸡腿肉中混合均匀。

4 将鸡腿肉放在冰箱冷藏室里腌 4 小时以上后取出（可以提前一天腌制）。

5 将腌好的鸡腿肉先蒸 10 分钟左右，取出后在油锅中煎制 6 ~ 8 分钟至表面焦黄（煎制时间根据肉块大小和油温自己灵活掌握）。

6 大米淘洗干净，与水以 1:1 的比例放入电饭煲中，蒸熟即可。

米饭+鲜培根卷

妙手生花，巧做鲜培根卷配米饭

浓郁的熏肉味儿里夹杂着淡淡清香，别有一番风味。培根卷既可以摆成长方形，也可以平铺成扇形，怎么摆都好看。

/ 材料 /

培根 200 克
火腿 70 克
蒜末 50 克

/ 调料 /

料酒 20 毫升
生抽 10 毫升
盐 3 克

/ 做法 /

1 火腿切段。

放入锅中煎一下。

2 将火腿段卷入培根中，用牙签固定。

3 平底锅入油，烧至七八成热，将火腿培根卷

4 接着放入蒜末和少许水，加入盐、生抽、料酒，盖上锅盖烧5～8分钟即可。

5 大米淘洗干净，与水以 1:1 的比例放入电饭煲中，蒸熟即可。

营养细分析

培根中富含维生素 B_1，与大蒜中所含的大蒜素结合在一起，能够帮助消除疲劳、恢复体力。此外，大蒜中含大蒜素，可以抗菌帮助增强免疫力。

省时有妙招

如果刀工不好，可以用擦丝板将火腿擦成粗丝。

什么样的人最受欢迎？这就像"一千个人眼中有一千个哈姆雷特"一样难有定论。每个人由于自身的经历、处境等各方面的影响，彼此三观差异很大。

你可能想不到的是，在欧美一些唐人街的中餐小馆里，咕咾肉的知名度和点击率远大于其他。国人多嫌弃这道菜太甜腻，外国人却常大快朵颐；这就像有些国人眼里的普通女子，在外国人眼里却是迷人的东方佳丽。同样的风光，在不同人眼中就是不同的景色。所以，以己度人实不可取。

妙手生花，巧做菠萝咕咾肉配米饭

香甜爽口，油而不腻，粒粒米饭都飘着果香。有蔬菜、有水果、有肉，怎么摆都好看。

/ 材料 /

五花肉 300 克
菠萝 50 克
红椒 20 克
青椒 20 克
鸡蛋 1 个
大米 适量

/ 调料 /

番茄酱 100 克
醋 60 毫升
白糖 35 克
料酒 20 毫升
盐 3 克
淀粉 适量

/ 做法 /

1 菠萝洗净，切成小块，浸泡在淡盐水中。

2 红椒和青椒洗净，去蒂、籽，切菱形块。

3 五花肉洗净，切成小块，放入盐、料酒，腌 15 分钟。

4 鸡蛋去壳打散成鸡蛋液，加入淀粉制成芡糊，将腌好的五花肉放入芡糊中挂糊。

5 起油锅烧至五成热，

放入肉块炸至金黄色，捞出。油锅再用大火烧热，倒入炸好的肉块复炸一遍，捞出沥油。

6 锅中留少许底油，放入菠萝块煸炒，倒入番茄酱、醋、白糖、清水。炸肉块、青椒块、红椒块炒匀，放入少许淀粉勾芡，使这些食材都挂上芡就可以了。

7 大米淘洗干净，与水以 1:1 的比例放入电饭煲中，蒸熟即可。

营养细分析

菠萝汁中含有"菠萝蛋白酶"，这种物质在胃中能分解蛋白质，在吃了高脂肪食物后吃些菠萝，可以帮助消化，对身体大有好处。